卒論・修論研究の
攻略本

有意義な研究室生活を送るための実践ガイド

石原 尚［著］

森北出版

まえがき

　研究とは、大変に迷いやすく、また何が起こるかわからない未知の世界への冒険です。やみくもに挑むだけでは、苦労の割に成果をあげることはおろか、貴重な時間を無駄にしてしまいかねません。本書は、卒業研究や修士研究という冒険で活躍するために必要な、世界を見通す「眼」と、困難を乗り越える「術」を体得する方法を、「攻略法」という形でわかりやすく解説したものです。たとえば、次のような内容を紹介しています。

- 研究における世界の捉え方
- 研究テーマの設計法
- 研究のステージと攻略のためのスキル
- 研究を円滑に進めるための準備方法
- 成果の積み重ね方
- 結論の導き出し方
- 論文とスライドを効率的に作成する手順

　本書では、これらの内容を、「研究フィールドマップ」「課題展開図」といったツールを使い、実践的に攻略していきます。これらの図には★マークが付いており、以下で作成用のひな形をダウンロードすることができます。

https://www.morikita.co.jp/books/mid/094361

　本書の狙いは、卒業研究や修士研究への挑戦を通じて、「戦略思考に基づく問題解決能力」とよばれる、一生役立つスキルを体得してもらうことです。そのため、将来、研究者を目指すか否かにかかわらず、すべての大学生・大学院生の皆さんを読者として想定しています。はじめて研究に挑む学生さんが最初に読むべき、これまでになかった体系的な研究の入門書として利用されることを期待しています。

　本書で紹介する攻略法は、研究の世界に飛び込んだ著者自身がどうにかうまく攻略しようともがくなかで、多くの先輩研究者達から教えを受けて学びとり、そのうえで実際に役立つことを確認してきた考え方や進め方を、独自の観点から体系的に整理したものです。あくまで工学の一研究者である著者の経験に基づいてまとめたものであるため、すべての研究分野にそっくりそのまま通用する保証はありません。

　とはいえ、1つでも攻略法を学んでから研究を始めるのと、何も知らずに始めるのとでは、研究で得られるものは大きく違ったものになるでしょう。この本をうまく活用してもらうことで、より多くの学生の皆さんが本来の才能を発揮させる実力を身につけて、生涯にわたってさまざまな場面で活躍されることを強く願っています。

　2021 年 9 月

著　者

目　次

1

研究攻略を始める前に

　研究とはどのようなものなのでしょうか。どのようなステージが待ち受けていて、そこではどんなスキルが求められるのでしょうか。攻略を始める前に、皆さんが挑むことになる世界についての基本的な知識を学んでおきましょう。2章以降で解説するさまざまな「攻略法」は、本章の内容が土台となります。

1.1 研究の捉え方

　そもそも研究とは何でしょうか？ もちろんさまざまな捉え方ができるので、唯一絶対の正解はありません。しかし、研究に対する捉え方次第で攻略の見通しが随分よくなることは、知っておいて損はないでしょう。

1.1.1 研究は「冒険ゲーム」

　もし皆さんが、研究はややこしく困難で、とにかくつらいものだと思っているとしたら、その認識を改めるところから始めましょう。研究はややこしくはありません。ややこしいのは普段聞きなれない専門用語です。また、研究は無条件に困難なわけでもありません。そう感じるとしたら、研究で取り組む課題の難易度設定が高すぎただけです。さらには、つらい思いをしながらやる必要もありません。真剣さと忍耐は必要ですが、やり方次第で、研究は楽しんでできるものです。

　シンプルに、研究はゲームだと考えてみましょう。知恵と技を駆使して攻略を目指すゲームです。スポーツ、将棋や囲碁、あるいはコンピュータゲームなど、なじみのあるゲームを想像してみてください。それぞれのゲームの用語やルールはややこしいかもしれませんが、それさえ覚えてしまえば、あとは挑戦を楽しむだけですよね。難易度が高すぎると感じたら、自分のレベルにあった相手や敵を選び直せばよいですし、なかなか攻略できなくてじれったくても、楽しんでいれば少しずつうまい作戦が見つかって、使える技も増え、攻略の糸口がつかめてきますよね。

　研究とは、未知の世界への冒険に挑むゲームのようなものです。世界中の研究者たちはみんなこのゲームに挑み、「私はこの世界をここまで攻略しました」とか「次はこんな世界を皆で攻略していきましょう」みたいなことを学会で話し合っているのです。実際、研究でよく使われる用語と冒険ゲーム

の用語はうまく対応します。この対応については次節で解説しますが、「研究は冒険ゲームである」と考えると、研究がとっつきやすいものに思えてきませんか？

1.1.2 研究の世界観と用語

研究とは未知の世界への冒険ですから、その世界の様子をどれだけうまく捉えられるか、つまり「世界観」のつかみ方が非常に大切です。世界観をうまく把握できていないと、効果的な作戦も立てようがなく、また十分に楽しむこともできません。そこで、冒険ゲームの世界観の例と比較しながら、研究の世界観について理解を深めておきましょう。この比較によって、課題や問題、あるいは目標やアプローチなどの混同しやすい研究用語をすっきりと理解できるはずです[1]。

図 1-1 上は、ファンタジー世界を題材にした冒険ゲームの世界観の例です。このゲームは、"魔物が暴れて国が混乱し、姫は魔王にさらわれた"という状況から始まります。ゲームの「目的」は、「魔王打倒作戦による姫の救出」です。

魔王にたどり着くまでには毒の沼や宝の森があり、どんな道を行くかの「作戦」はプレイヤーが選ぶことができます。たとえば、毒の沼に入ってダメージを受けながら最短距離で魔王を目指すこともできますし、迂回して時間をかけながら宝の森を探検して、重要な武器を手に入れることも可能です。こうした各種「攻略イベント」をうまく選んで乗り越えながら、魔王のもとへと攻略を進めていくことになります。最終的に、魔王の力に打ち勝って姫を救出できれば「クリア条件」が満たされ、国の平和と発展がもたらされるという「ハッピーエンド」を迎えます。

下図に示すように、研究も同じような世界観で捉えることができるのです。ハッピーエンドは「理想」に、クリア条件は「課題」といったふうに置き換

---

[1] これらの用語を混同したまま研究に臨むのは、将棋の駒の役割の違いを把握せずに対局に挑もうとしているようなものです。当然、攻略はおろか、上達もできませんよね。

「冒険ゲーム」の世界観

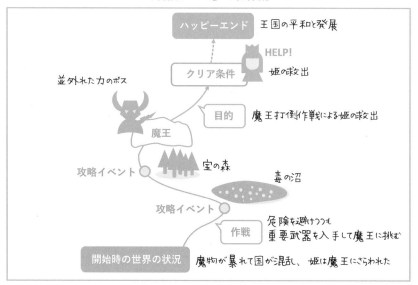

「研究」の世界観

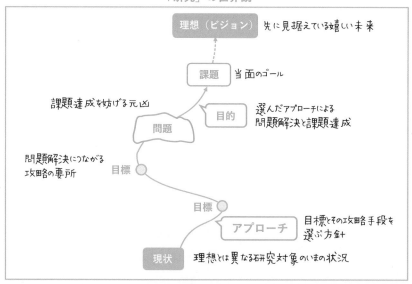

図1-1 「冒険ゲーム」と「研究」の世界観の対応

わっていますね。このように、冒険のフィールドを見下ろすように研究の世界を捉えることで研究攻略の見通しがよくなります。図 1-2 に、用語の対応をまとめているので、しっかり理解しておきましょう。

研究の用語の意味をもう少しくわしく見ておきましょう。冒険ゲームの世界観をイメージしながら、用語の意味の違いや関係をしっかり理解しておいてください。

● 理想：

> その研究の先に研究者が見据えている嬉しい未来のこと。ビジョンともよばれます。気になっていた謎が解けて嬉しい、困りごとがなくなって嬉しい、便利になって嬉しい、など色々ありえます。理想は研究を進める原動力です。

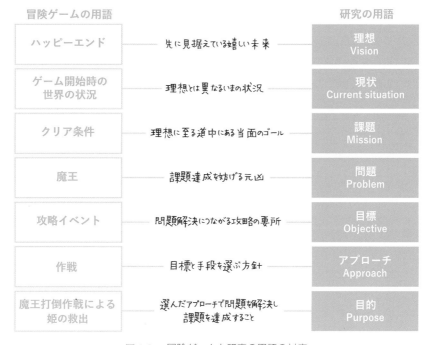

冒険ゲームの用語		研究の用語
ハッピーエンド	先に見据えている嬉しい未来	理想 Vision
ゲーム開始時の世界の状況	理想とは異なるいまの状況	現状 Current situation
クリア条件	理想に至る道中にある当面のゴール	課題 Mission
魔王	課題達成を妨げる元凶	問題 Problem
攻略イベント	問題解決につながる攻略の要所	目標 Objective
作戦	目標と手段を選ぶ方針	アプローチ Approach
魔王打倒作戦による姫の救出	選んだアプローチで問題を解決し課題を達成すること	目的 Purpose

図 1-2　冒険ゲームと研究の用語の対応

● 現状：

理想とは異なる研究対象のいまの状況のこと。「理想的ではない」という観点で状況を捉えるというところが重要です。

● 課題：

理想の手前に定めた当面のゴールのこと。あるいは、そのゴールまで到達せよ、というミッションだともいえます。1 つの研究だけで理想を叶えるのは現実的ではないので、当面のゴールを定めるわけです。達成するよう「自分に課したお題」という意味で捉えておけばよいでしょう。

● 問題：

課題達成を妨げる元凶のこと。課題はこれまで誰も達成できていないのですから、それを阻害する要因があるはずです。そのような要因のなかでも、これさえ対処できれば他の要因が残っていても課題が達成できる、あるいはむしろ、それを解消しないかぎりは他の要因を取り払っても課題達成に対してあまり効果がない、といったものが問題にあたります。課題と混同しやすいので、「達成したいのが課題」「取り除きたいのが問題」と覚えておきましょう。

● 目標：

問題の解決につながる攻略の要所のこと。問題が明確になっているとしても、簡単な取り組みでその問題が解決できることはきわめて稀です。そのため、それに至るまでのいくつかの攻略の要所を定めて、それを目印にして段階的に問題解決に近づいていくわけです。

● アプローチ：

目標と、それを攻略する手段を選んでいく方針のこと。作戦だとも言えます。同じ問題に対しても、アプローチが変われば、目標も手段も変わります。しっかり意識しておかないと、研究が支離滅裂になります。

● 目的：

選んだアプローチで問題を解決して、課題を達成すること。単に「目

的＝課題の達成」ではなく、アプローチや問題も含んだ内容になっていることが重要です。研究目的は何ですか？と尋ねられたときには、「〜の達成です」では不十分で、「〜によって〜を解決し、〜を達成することです」と答えるのがよいということです。

◀ 1.1.3　研究テーマ決めは「世界観の設計」

　上記に沿って研究の攻略法を説明するにあたり、まずは、卒業研究・修士研究の最初のステップを指す言葉としてよく使われる「研究テーマ」の話をしましょう。「研究テーマどうする？決まった？」といったように研究室でよく飛び交う言葉ですね。

　しかし、研究テーマという言葉は、意味があいまいでかなりのくせ者です。自分では「テーマが決まった！」と思っていても、「君のテーマはまだぼんやりしているね」と言われることもあるでしょう。テーマをはっきりさせろと言われても、どうしていいかわからないかもしれません。

　実のところ、研究テーマ決めとは、図 1-1 で見た「世界観」をはっきり描き出すことだと思ってください。ゲーム開始時に世界はどのような状況にあり、何をクリアすればハッピーエンドに近づくのか、またどんなボスが立ちはだかっているのか。研究の言葉で言えば、研究対象の現状はどうなっていて、どんな課題を達成すれば理想に近づくのか、またそのうえで何が問題なのか。これらの関係を合理的に決め、そして明確に把握できていれば順調に研究がスタートしますし、そうでなければ、「何をしたらいいかわからない」という状況に陥ってしまうのです[2]。

　ここで重要なのは、研究の世界観を設計するのは皆さん自身だ、ということです。誰かが世界観をきれいにまとめてくれているわけではないのです[3]。皆

---

[2]　現状把握と理想の認識が不十分だと適切な課題を選べませんし、問題が定まっていなければアプローチがうまく選べません。アプローチがうまく選べないと、目標も定まりませんし、目標が定まらないとどんな手段を講じればよいか決められないのです。

[3]　魔王を倒す冒険ゲームでは、ゲーム開始直後に世界観を紹介するプロローグ（紹介ムービーなど）が用意されており、それを見れば世界観が簡単に把握できるようになっています。親切ですね。

さんが挑む世界は、皆さん自身できれいにわかりやすくデザインしなければなりません。「この世界観の中で冒険しよう」と自分で決め、そのうえで攻略していくのが卒論・修論研究なのです。実際にどのように世界観をデザインしていけばよいかは、後の章で解説するので、このことを意識しておいてください。

◀ 1.1.4 世界観を設計できるメリット

　世界観を設計しないと研究を始められないのは面倒だ、と思うかもしれません。確かに大変なのですが、実は大きな利点があります。それは、攻略の難易度も自分で決められるということです。攻略が進まないようなら難易度を少し下げ、歯ごたえがなければ少し上げるといったように、力量と状況にあわせて難易度を設定することができるのです。そうしたチャンスがせっかく与えられているのですから、研究テーマの設計を誰かに任せるのはもったいないことですよね。

　攻略の難易度は、研究を始めたあとからでも調整することができます。難易度の調整方法として最も効果的で容易なのは、クリア条件、すなわち課題を変えることです。課題というのは、現状と理想の間にある当面のゴールであることは先に説明しましたね。言い換えれば、課題は、現状と理想の間であればどこに設定してもよいのです。難易度を低くしたいのなら、より現状に近いところに課題を設定すればよいですし、高くしたいのなら、より理想に近いところに設定すればよいのです。

> 📝 攻略メモ
>
> 　たとえば、魔王のゲームで「姫の救出」という課題がどうにも達成できそうにないのであれば、難易度を下げて、「姫の居場所の確認」あるいは「姫の安否確認」を課題にするのもよいでしょう。この場合、「姫の救出」は「今後の課題」ということにすればよいのです。対して、もし「姫の救出」が簡単に達成できてしまうのであれば、「姫を中心とする政治経済体制の確立」のように、さらに理想に近い課題にしてもよいですね。その場合、「姫の救出」は、課題達成を目指す道中の1つの目標という扱いになります。

　また、アプローチの選択によっても難易度を調整することができます。皆さんが所属する研究室で採用されたことのないアプローチを選ぶと、その作戦の実施経験のある人の助けを得にくいので、難易度は高くなります。対して、研究室でよく用いられるアプローチを採用すれば、大いに助けを得ることができ、難易度は下がります。

1.2　研究への挑み方

　皆さんのほとんどは、研究に取り組むのは初めてだと思います。初めての経験では、あとから「あそこでこうしておけばもっとうまくできたのに」と後悔することが多いものです。そんな後悔を少しでも減らすために、どのように挑めばよいのかを確認しておきましょう。

▶ 1.2.1　ひととおりの攻略法を先に学んでおこう

　ゲームに攻略法があるように、研究にも攻略法があります。皆さんの周りにも、やたらとゲームが上手な人はいませんか。もしかすると皆さんがそうであるかもしれません。そういった人は、何かの特定のゲームだけが得意なわけではなく、色々なゲームも得意ですよね。こういった人は、「ゲームというものは、こうやれば大概うまくいくだろう」という攻略法を身につけているのでしょう。研究の世界でも同じです。「研究というものは、こうやれば大概うまくいくだろう」という攻略法があり、一定の経験を積んだ研究者は攻略法を身につけているのです。

　その攻略法がどんなものかは研究者ごとにさまざまでしょうし、攻略法を教えてもらったからといって、すぐに真似してうまく研究を攻略できるようになるものでもありません。しかし、「研究には絶対の攻略法なんてないから、とにかくがむしゃらに頑張るしかない」という考えで臨むよりも、「そうい

う攻略法もあるのだな」と知ってから臨むほうが、攻略の効率も、研究への挑戦を通じた学びの効果も大きくなります。

　ですから、研究を始める前か、あるいはできるだけ早い段階で、攻略法の一端を紹介している本書を最後までひととおり読んでおくことをすすめます。そうすれば、いくらかの経験を積んだような状態で始めることができ、目論見をもって計画的に研究を進めることができるでしょう。

◤ 1.2.2　攻略のヒント集を活用しよう

　皆さんがいま、短い制限時間で冒険ゲームを攻略しないといけない状況にいるとします。ここでたとえば、本当の魔王は誰なのか、魔王の弱点は何か、魔王を無力化できる古代兵器はどこにあるのかが書かれた攻略情報があるのなら、当然知りたいですよね。皆さんより先にゲームに挑んだ人たちが書いた攻略のヒント集があるなら、当然それを読みたいはずです。

　研究の攻略情報は、先行研究論文に載っています。ですから、研究に挑む前に、先行研究の論文を読んで調べておくほうが確実に有利です。むしろ、調べないのは大損です（図 1-3）。正面から問題に何度も挑んだあとに攻略情報を教えてもらったら、どう思いますか？　「これまでの努力はなんだったんだ…」と損した気持ちになりますよね。

図 1-3　論文で攻略情報を調べないのは大損

論文を集めて読むのは大変だし楽しくない、と思うかも知れませんが、論文というのは「攻略情報が記載されたヒント集」なのだと捉えてみましょう。もしかすると役に立つ攻略情報が載っているかもしれないと思えば、楽しく読むことができるはずです。ヒントを見つけるためなのですから、論文の端から端まで細かく読む必要はありません[4]。ほしいヒントが載っていそうなところだけ「狙い読み」できればそれでよいのです。

1.2.3　楽しみながら達成感を味わおう

　冒険ゲームでもスポーツでも、それに挑んだ人にしか味わえない達成感が得られる瞬間があると思います。嬉しくなる瞬間が待っていると確信しているからこそ、何度も挑戦したくなりますよね。

　研究でも、そうした特別な達成感を味わえるのです（図 1-4）。悩ましかった謎が解けたとき、目論見が当たったとき、立ち塞がった壁を乗り越えられたとき、見たことのなかった地平が見えたとき、あるいは、一番になったときなど、大きな達成感が得られる瞬間は多くあるのです。世の中の研究者は、苦しみながらもこの達成感を味わってやみつきになり、また味わいたいと

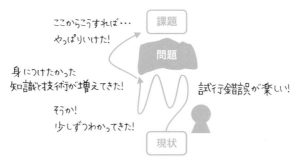

図 1-4　研究で得られる達成感

---

[4] 専門知識を得たり、英語力をつけたりしようとする場合には、しっかり精読することはもちろん大切です。

思って研究をしています。皆さんもぜひ達成感を味わってみてください。

　ただし、研究で達成感を味わうには、ある程度の忍耐が求められます。すんなりとはいかない挑戦だからこそ、知恵と技を駆使して攻略できたときの達成感が大きいのです。とはいえ、研究の達成感をまだ味わったことがないであろう皆さんは、「攻略がうまくいけば達成感が得られるから我慢して頑張りなさい」と言われても、納得できないはずです。本当に得られるかどうかわからない達成感のために忍耐強く頑張り続けるというのは、なかなかできることではないと思います。

　そこで、一定期間研究を続けようとする場合には、攻略の過程それ自体を楽しめるようにすることが大切です。研究をゲームだと捉えようと説明してきたのはそのためです。もちろん、遊び半分でやってよいと言っているわけではありません。楽しみながら真剣にやりましょうという話です。

　卒業のためだからつらくても頑張らないといけないとか、研究は深刻な顔をして楽しくなさそうにやらないとだめだとか、そんな風に捉えることはむしろ研究の妨げになります。どこかで心が折れてしまうからです。卒論・修論研究で最も大切なのは、研究に取り組む過程で皆さん自身が成長することです。ゲームだと思って楽しく取り組んで、楽しいから真剣に打ち込めて成長できて、それで結果的に研究もうまくいくというのが一番です。

▶ 1.2.4　ゲーム経験者と協力プレイをしよう

　研究を進めるうえで、研究室で過ごすことは必要不可欠な要素ではありません。ひとりでやってもいいし、誰もいない孤島でやったっていいわけです。ただし、研究室で過ごさなければ得ることが難しいボーナスがいくつかあるのです。たとえば、高額な設備や材料を利用できる「資源ボーナス」や、定期的な進捗発表会などの時間的目標を用意してもらえる「ペースメーカーボーナス」などです。

　最も重要なのは、研究室の先生や先輩などの「経験者との協力プレイ」ができるボーナスです。つまり、研究を攻略するための知恵や技を身につけた

仲間を連れた状態でゲームを始められるということです。とくに教員は、成功も失敗も含めて何度も攻略に取り組んだ経験がありますし、世界観にも詳しいので、それらをこれから身につけようとしている皆さんの弱点を補う心強い味方になるでしょう。

このボーナスをうまく活用できるかどうかで、卒論・修論研究の攻略の難易度も効率も、さらには学びの効果も大きく変わります。教員や先輩がどんな知恵や技をもっているのか、またどんなふうにそれらを駆使しているのかを学びとって、皆さんのスキルアップと攻略につなげてください。

では、経験豊富な教員に攻略をゆだねて、学生はそれについていくだけでいいのでしょうか。そうはいきません。教員にも弱点があるためです。それは、時間の縛り です。教員によっては、数十もの異なる世界観での挑戦を並行して進めている場合もありますし、大学教員は教育者や研究者であると同時に、組織の管理運営者でもありますから、そもそも研究に時間をあまり使えないのです[5]。同様に、先輩も自身の研究を進めなければいけないので、皆さんの研究にはたまにしか参加できません。

皆さんと、研究室の教員と先輩は、お互いに弱点を補い合う関係にあります。研究室というのは、教員だけでは挑めない世界に主体的に乗り込む冒険者を募集している場でもあります。研究室生活というのは、皆さんにとっては「知恵と技を授けてくれる経験者との協力プレイボーナス」であり、教員にとってみれば「研究を推進してくれる新たなる冒険者との出会いボーナス」なのです（図1-5）。先輩にとってみれば、「助言を通じて学びを深めるボーナス」が得られることになります。

ですから、教員や先輩を頼ることに躊躇する必要はありません。皆さんの研究がうまく進むことは、教員にとっても大変ありがたいことなので、協力プレイのなかで可能なかぎりの協力をしたいと思っています。どのように進めるのがよいのか、攻略に詰まったらどのように打開すればよいのか、協力を仰いでください。ただし、「あくまで主体的に冒険を進めるのは皆さん」であり、「教員や先輩はたまにしか攻略に参加できないという縛りがある」

---

[5] 授業や企業さんとの打ち合わせだけでなく、駐車違反の取り締まりや図書館の本の選定、あるいは人事や施設安全の管理にも携わります。

図 1-5　研究室での協力プレイ

ことを忘れずに、適切に協力しあうことが大切です。協力の得方については、後の章で解説することにします。

1.3　研究のステージ

研究は、幾多の困難が待ち受ける未知への旅です。長い旅ですから、これから何に挑み、どうなったら挑戦が終わるのか、またどこでどんなことが求められるのかを知らなければ、当然不安になるでしょう。そこで、研究をいくつかのステージに分け、各ステージで待ち受けている挑戦を解説します。そのうえで、各ステージの攻略に必要なスキルについて見ていきましょう。

1.3.1　研究は 4 ステージ × 3 フェイズ

まずは、皆さんがこれから挑むことになる研究の大まかな流れを確認していきましょう。本書では、研究を 4 つのステージからなるサイクルとして捉えます（図 1-6）。第 1 ステージから始めて第 4 ステージの攻略を終えたとき、1 つの研究が完結します。1 つのサイクルのあとには、より発展的な次の研究のサイクルが始まります。卒論・修論研究では、この円環を一周することを目指します。

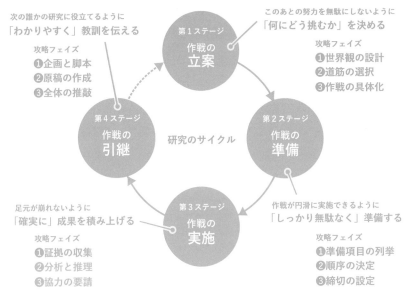

図 1-6 4ステージ×3フェイズの攻略で1つの研究が完結

本書では、各ステージをさらに3つの「フェイズ」に分けます。よって、合計で12のフェイズの攻略に挑むことになります。これらのステージとフェイズはそれぞれ攻略上の役割が異なるので、その違いを理解しておくことが大切です。

◢ 1.3.2 各ステージの概要

次に、これらのステージで何を行うのか、具体的に確認していきましょう。

● 第1ステージ「作戦の立案」:

その後の3つのステージの攻略のための「作戦」を立てるステージです。ここで作戦がしっかり立案されていないと、その後の努力が無駄になってしまう危険性が高まります。頑張って第3ステージまで来たもののうまく成果が出せず、迷走したあげく第1ステージからやりなおす、という事態に陥りかねないのです。このステージは、

①世界観の設計→②道筋の選択→③作戦の具体化というフェイズで構成されます。

● 第2ステージ「作戦の準備」：

作戦を途中で停滞させることなく円滑に実施するための準備のステージです。いざ実験や調査を始めようと思ったら、必要な用意ができていないことに気づき、実験を始められないまま論文の提出期限を迎えてしまう…。そんなことにならないよう、しっかりと準備を進める必要があります。このステージは、①準備項目の列挙→②順序の決定→③締切の設定というフェイズで構成されます。

● 第3ステージ「作戦の実施」：

確実に成果を積み上げていくステージです。ここでは実験を実際に行ったり、データを解析したりします。このステージは、①証拠の収集→②分析と推理→③協力の要請というフェイズで構成されます。

● 第4ステージ「作戦の引継」：

皆さんの研究で行ったことや知りえたことを筋の通った話としてまとめるステージです。卒業論文や修士論文を執筆したり、最終成果発表をしたりするのはこのステージです。皆さんが努力して得る結果は、世界の発展に貢献しうるものかもしれませんので、ぜひしっかりと形に残したいものです。このステージは、①企画と脚本→②原稿の作成→③全体の推敲というフェイズで構成されます。

　重要なのは、研究で挑むのは実験の実施（第3ステージ）と論文の執筆・発表（第4ステージ）だけではないということです。どのような研究にどう挑むのかという作戦の立案（第1ステージ）と、その作戦を円滑に進めるための準備（第2ステージ）も、それらと同じくらい、もしくはそれ以上に重要なステージなのです。研究に限ったことではありませんが、定められた期間で確実に成果を挙げるには、入念な作戦と準備が必須です。研究は、4つのステージからなることをしっかりと頭に留めておきましょう。

1.4 研究攻略に必要なスキル

　研究を進めるうえでは、試薬の調合やプログラミング、あるいは法律の条文や数式の解釈など、分野ごとの専門的な技術は当然必要になります。専門技術がなければ、よい作戦を立ててもそれをうまく実施できないからです。

　とはいえ、専門技術をもっているだけでは研究をうまく進めることはできません。特定の専門に留まらない、より基本的で汎用的なスキルが必要です。以下、それぞれのステージでどのようなスキルが必要なのかを見ていきましょう。スキルの具体的な身につけ方や、スキル不足を補助するツールは2章以降で紹介します。

1.4.1 「俯瞰の視点」と「論理思考」

　第1ステージ「作戦の立案」で必要になるスキルは、「俯瞰の視点」と「論理思考」というものです（図1-7）。これらのスキルが揃うことで、研究の世界観の中を、自由自在かつ安全確実に飛び回ることができるようになります。

第1ステージ
作戦の立案

俯瞰の視点

研究の世界観の要素を俯瞰的にまとめて捉え、大局を見失わないでいられる

論理思考

合理的に考えをつなげて論理を確実にたどることができる

図1-7　第1ステージで必要になるスキル

- 「俯瞰の視点」スキル：

  課題・問題・アプローチ・目標などの「研究の世界観」の要素を俯瞰的に捉え、大局を見失わないためのスキルです。1章では、研究の世界観を冒険ゲームになぞらえました（図1-1）。「俯瞰の視点」をもつことで、冒険のフィールドマップを眺めるように、研究の全体像を把握することができます。研究を見通しよく進めるうえでの根幹となるスキルです。

- 「論理思考」スキル：

  合理的に考えをつなげて論理を確実にたどるためのスキルです。このスキルは、世界観を設計し作戦を選択するうえでも、そして作戦を具体化して実施するうえでも必須です。論理的に判断しながら進んでいけば、うまくいかなくなった場合でも論理をさかのぼって反省し、効果的に作戦を立て直すことができるからです。

1.4.2 「先読み」と「段取り」

　第2ステージ「作戦の準備」で必要になるスキルは、「先読み」と「段取り」です（図1-8）。これらが揃うことで、効果的な準備を効率よく進められるようになります。これらのスキルがないと、無駄な準備に時間が削られ、十分な研究成果を得る前に卒業・修了の時期を迎えてしまうおそれがあります。

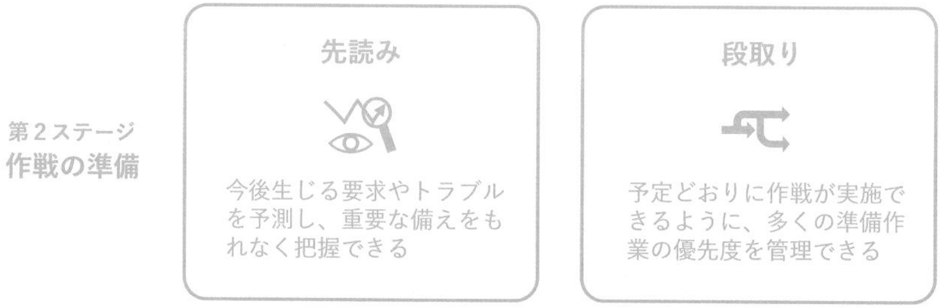

第2ステージ
作戦の準備

先読み

今後生じる要求やトラブルを予測し、重要な備えをもれなく把握できる

段取り

予定どおりに作戦が実施できるように、多くの準備作業の優先度を管理できる

図1-8　第2ステージで必要になるスキル

- 「先読み」スキル：

作戦を進めていったときに生じる要求やトラブルをあらかじめ把握し、備えるためのスキルです。実際に要求やトラブルが発生してからどう対処するかを考えるのでは、研究を進めるべきときに進められず、焦ってしまうことになります。このスキルは、フェイズ 1（準備項目の列挙）でとくに効果を発揮します。

- 「段取り」スキル：

多くの細かい準備作業が、滞ることなく予定どおりに進むように計画を立てるスキルです。準備では順序が重要です。これを済ませないと次の準備に取り掛かれない、という依存関係があるためです。この順序をうまく考えて計画的に準備を進めないと、「あれもこれも準備ができていない、でもその前にこれも終わっていない」という困った状況になります。このスキルは、フェイズ 2（順序の決定）とフェイズ 3（締切の設定）で必要になります。

1.4.3 「真理追及」と「報告相談」

第 3 ステージ「作戦の実施」で必要になるスキルは、「真理追及」と「報告相談」です（図 1-9）。これらのスキルは、作戦を実施するなかで効果的かつ効率的に成果を得ていくために必要なものです。作戦の実施それ自体には、研究に応じた専門技術が当然必要なので注意してください。

第 3 ステージ
作戦の実施

真理追及

集めた証拠の分析に基づく
合理的な推理で真実に迫る
ことができる

報告相談

置かれた状況や議論したい
ポイントを的確に伝えて、
協力を得ることができる

図 1-9　第 3 ステージで必要になるスキル

● 「真理追及」スキル：

捜査官のように証拠を集め、分析し、合理的な推理で真実に迫るためのスキルです。作戦は、実施すればそれで終わりというものではありません。作戦が完璧に計画どおりにいく保証はないからです。大切なのは、「その作戦で問題がどれだけ解決されたのか」や「目標は本当に達成できたのか」という真実を追及することです。このスキルは、フェイズ1（証拠の収集）と2（分析と推理）で必要になります。

● 「報告相談」スキル：

自分の置かれた状況や議論したいポイントを的確に伝えて効果的な協力を得るためのスキルです。研究をひとりだけで攻略しようとするのは、「研究室に所属している」という利点を放棄しているようなものです（→ 1.2.4 項）。仲間の協力を得ましょう。ただし、いくらよい仲間がいても、上手な報告と相談なしに適切な協力を得ることはできません。研究室に所属していることの利点を最大限活用するためにも、このスキルは大切です。このスキルは、フェイズ3（協力の要請）で効果を発揮します。

◤ 1.4.4 「企画構成」と「論述表現」

　第4ステージ「作戦の報告」で必要になるスキルは、「企画構成」と「論述表現」です（図 1-10）。これらのスキルが揃うことで、皆さんの挑戦をわかりやすく論文やスライドの形でまとめることができ、皆さん自身を含めた誰かの次の研究に役立ててもらえる可能性が高まります。

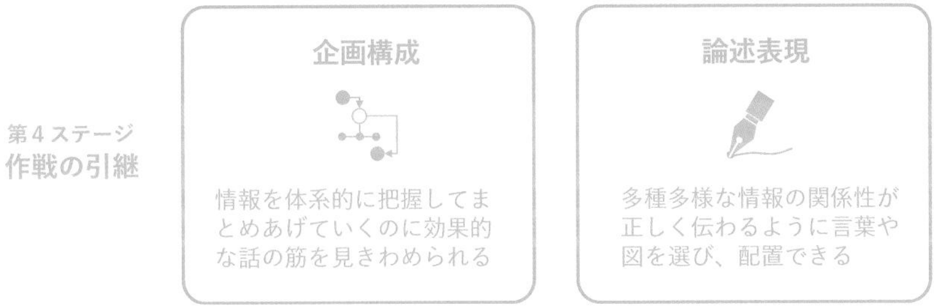

第4ステージ
作戦の引継

企画構成

情報を体系的に把握してまとめあげていくのに効果的な話の筋を見きわめられる

論述表現

多種多様な情報の関係性が正しく伝わるように言葉や図を選び、配置できる

図 1-10　第 4 ステージで必要になるスキル

- ●「企画構成」スキル：

  複雑な話をうまくまとめ、シンプルながら筋の通ったストーリーを構成するスキルです。論文やスライドを作る時期になれば、皆さんは多くの経験や情報を手に入れているはずです。しかしそれらをすべて盛り込んでしまえば、情報過多で理解しにくい話になってしまいます。まずは「何を語り、そして何を語らないか」を定め、それを「どのようなストーリーに仕立てるか」を考えなければなりません。劇やドラマの脚本家のように、ストーリーを構成するスキルが必要になるのです。このスキルはフェイズ 1（企画と脚本）でとくに必要になります。

- ●「論述表現」スキル：

  語るべき内容を、意図したとおりに伝わるように言葉や図に起こすスキルです。皆さんが自身の研究から紡ぎあげるストーリーでは、「〜だから〜と言える」といった論理的関係や、「〜をしたら〜になった」といった時間的関係、あるいは「〜よりも〜が重要」といった優劣関係など、多種の関係で多様な情報が複雑に結び付けられています。これらの関係を短い時間で正しく理解してもらえるように表現できないと、皆さんが伝えたかったものとは違うストーリーが相手に伝わってしまうおそれがあります。そこで、作家のように言葉や図を適切に編み出し、磨き上げるスキルが必要になるのです。このスキルは、フェイズ 2（原稿の作成）と 3（全体の推敲）で必要になります。

2

作戦の立案…第1ステージの攻略

　いよいよこの章から、具体的な攻略法の説明に入ります。この章では、「作戦の立案」のステージの攻略法を扱います。ここでは、このあとのステージでの努力を無駄にしないよう、うまく研究に挑むための作戦を段階的に詰めていきます。研究という冒険の舞台の**「世界観」**を設計し、そこで歩む**「冒険の道筋」**を選び、そしてそれに沿って**「具体的な作戦」**を策定します。大局を見失わずにいるための**「俯瞰の視点」**と、合理的な思考で安全に冒険を進めていくための**「論理思考」**の2つのスキルが重要です。

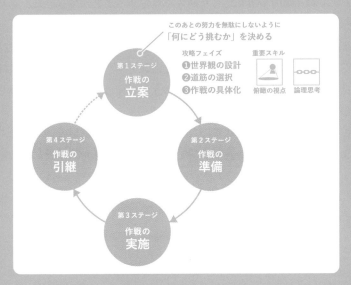

2.1 フェイズ1「世界観の設計」の攻略

　研究を始めようとするときには、なるべく解く価値のある「よい問題」を見つけて、研究テーマを明確にすることを目指しましょう。そうしておかないと、よい作戦など立てようもなく、研究が迷走するからです。ただし、やみくもに探しても見つかりません。そこで、よい問題を見つける方法について確認しつつ、テーマを定めていく手順を見ていきましょう。

2.1.1 地図をもって旅立とう

　これから冒険に旅立つというとき、最も怖いのは迷子になってしまうことです。いまどこにいて、どっちへ向かえばいいのかわからない…そんな迷子にならないために、皆さんは普段何をしているでしょうか。そう、地図を見ていますよね。地図で現在地と目的地を見定めることができれば、迷わず進むことができます。

　実は、研究の世界でも地図が使えます。研究対象の現状と目指すべき未来、そしてその間にある障壁が書き込まれた地図です。安全な旅をするには地図が必要なように、無事に卒業・修了しようと考えている皆さんは地図をもっておくべきです。

　ただし、この地図は売られていないので自分で作らないといけません。研究では、足を踏み入れる世界を自分で描くのです。誰かが用意した世界ではなく、自分で挑みたい世界をデザインして、それに挑戦するということです。これが研究の面白いところです[1]。研究者は、自分の頭の中に自前の地図をもっているものなのです。

---

[1] コンピュータゲームにも、自分が世界をデザインして遊べるものが多くありますよね。そんなイメージです。

　しかし、めちゃくちゃな地図を作ってしまうと、うまく攻略できなくなってしまいます。そのため、後述するルールを守って作る必要があります。

　また、この地図は必ずしも皆さんがひとりで作り上げる必要はありません。卒論・修論研究では基本的に指導教員がいるはずですから、協力して地図を作り上げればよいのです。ただし、この場合、教員の頭の中にある地図をなるべく正確に読み取る必要があります。もし、教員が思い描く研究の世界観と、皆さん自身が思い描く世界観が異なるものになってしまうと、その後の研究活動のなかで、皆さんの説明や相談をうまく理解してもらえなかったり、教員のアドバイスの意味を勘違いしたりするおそれが出てくるからです。

　このフェイズでは、研究の世界を地図として捉え、そして描き出す方法を学んでいきましょう。うまく身につけば、研究の世界観を自分で描き出すことも、対話のなかで教員の頭の中の世界観を推し量ることもできるようになるはずです。

2.1.2　研究世界の地図

　一定の経験を積んだ研究者であれば、頭の中で地図を自由に使いこなすことができます。研究の大局を捉えて地図を作ったり読んだりできる「俯瞰の視点」スキルを備えているからです。初めて研究の世界に踏み出す皆さんは、いきなり地図を描けといわれても困ると思います。そこで、補助ツールとして、研究フィールドマップを提案します（図 2-1）。

　フェイズ1「世界観の設計」でやってほしいことは、このマップに具体的な内容を書き込んで、皆さんが挑む研究の世界の地図を完成させることです。この地図が完成すれば、この地図を見ながら作戦を立てるフェイズ2に移ることができます。

　この地図には、「問題を解決することで、現状を理想に近づけるという課題を達成する」という、研究の基本的な世界観が表現されています。

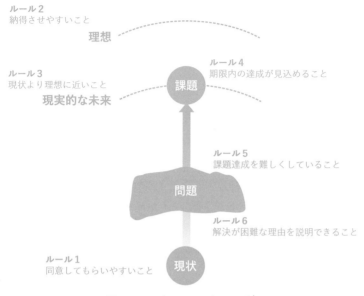

図 2-1　研究フィールドマップ*

● 現状：

特定の地点（円）として、下部に描かれています。ここが皆さんの
冒険のスタート地点です。

● 理想：

現状から離れた上部にラインとして描かれています。研究を終えた
とき、このラインに近づけているほど、高い価値のある研究として
評価されます。ただし、あまりにも遠いので、卒論・修論研究の期
間内の到達は望めません。よい課題を定めるために描きます。

● 課題：

理想のラインより手前に引いた「現実的な未来」のライン上の地点
（円）として描かれています。ここが皆さんの具体的なゴールです。「現
状」地点から「課題」地点に向かう矢印に沿って進むのが、皆さん
のミッションです。課題を定めることで、進むべき方向と距離が明
確になります。

● 問題：

「課題」に向かう矢印を分断する、ゴツゴツした大きな障壁として表現されています。この「問題」をどうやって取り除いたり避けたりするかが、研究の作戦を立てる際の腕の見せどころです。

　これらを踏まえて、研究フィールドマップを使った地図の作成見本を見てみましょう。図 2-2 は、桃太郎の話を題材にした架空の研究で作成したものです。鬼の襲来によって苦境に陥った村の桃太郎が、鬼退治のための卒業研究を始めた、という想定の筆者の創作です。これ以降も桃太郎を題材にした例を挙げますが、実際の桃太郎の話とは異なる内容が多く含まれているので、注意してください。

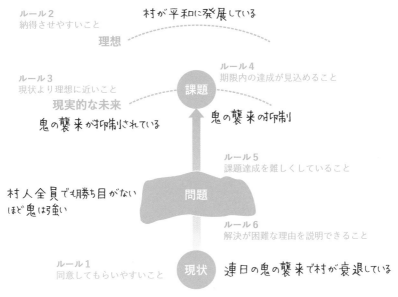

図 2-2　研究フィールドマップの作成見本

📝 攻略メモ

　この地図によれば、桃太郎は「連日の鬼の襲来で村が衰退している」という現状に注目し、この現状を変えて「村が平和に発展している」という理想を叶えたいと考えています。より現実的な未来として「鬼の襲来が抑制されている」という状況を設定し、それに基づいて「鬼の襲来の抑制」を課題として設定しています。そして、「村人全員でも勝ち目がないほど鬼は強い」ことが、この課題の達成のうえで解決すべき問題だと考えています。

　このように、どんな現状に注目し、何を理想だと考えているか、また、どこまで現状を変えるのが現実的で、それに向けて何が妨げとなっているかについての考えが、このマップにはっきりと表現されます。これが、「研究で挑む世界観」、つまり研究テーマが決まった状態です。混同しやすい課題と問題も、しっかり書き分けられていることを確認してください。

　上記のように、課題や問題の関係性を地図のように捉える俯瞰の視点は、研究に限らず、何か現状をよい方向へ変える取り組みをしようとする際にも有効です。実際、ビジネスを成功させるために、課題や問題をどう区別して設定すればよいかについての多くの解説がなされています。本書の説明とは違う説明がなされている場合もありますが、いずれの場合でも、「何かに挑む自分を取り巻く状況」を地図として捉える方法は役立つはずです。

◣ **2.1.3** マップづくりのルール

　研究フィールドマップの見た目は単純ですが、研究に役立つマップを作るのはそれほど簡単ではありません。そこで、いくつかの「ルール」を紹介します。これらのルールは、図2-1にも記載してあります。

1.　ルール1：「現状」は同意してもらいやすいものに

　「現状はこういう状態ですよね」と説明したときに、「いや、違うでしょう」と反論されることなく、「まあ、それはそうだよね」とで

きるだけ多くの人に同意してもらえるようにしましょう。現状に同意してもらえないと、現状を踏まえて立てた作戦自体にも同意が得られません。「現状」は突飛なものでなくても研究の独自性は失われません。一方で、間違った現状認識は致命的ですから、できるだけ正しく世の中の状況を把握したいものです。文献調査をするだけでなく、周りの人の意見を聞くのもいいでしょう。

📝 攻略メモ

「国の平和と発展」という理想を掲げる冒険ゲームで言えば、「魔王に姫がさらわれて国が混乱した」という現状を把握できていれば、「姫の救出」というよい課題を設定できますよね。それに対して、「姫はさらわれたのではなく、家出したのだ」という見当違いの現状把握をしてしまうと、「家出した姫の発見と今後の家出の予防」といったとんちんかんな課題を設定してしまうかもしれません。これでは姫は救出できず、理想も叶いませんよね。

2. ルール2：「理想」は現状との対比で納得させやすいものに

「現状はこうですが、それが変わってこうなるのが理想です」と説明したときに、「確かにそうなるととってもいいよね」と多くの人に納得してもらえるような理想を掲げましょう[2]。「理想」を納得してもらえないと、「意義のないそんな研究よりもっと別の研究をするべきじゃないの？」と思われ、研究の価値を理解してもらうことが難しくなってしまいます。

3. ルール3：「現実的な未来」は現状より理想に近いものに

これは簡単なルールに見えるかもしれませんが、実は要注意です。一見理想に近づいたようでいて、別の観点から見ると実は一向に近づけていない場合があるためです。その現実的な未来が現実になったときのことを想像して、確かに理想に近づいているかをよく確認しましょう。

---

[2] もちろん、大多数に納得してもらいにくい独自の理想を貫くのも研究としてはありなのですが、理想の必要性を慎重に説明しないといけないぶん、攻略の難易度は著しく高まります。卒論・修論研究ではなるべく大多数に納得してもらいやすい理想を設定するのがよいでしょう。

4. ルール４：「課題」は期限内の達成が見込めそうなものに

「課題」は遠い理想に向かう道中に設定すべきものですが、それ自体は現実離れしたものではいけません。「理想は壮大に、課題は現実的に」という意識で、定められた期限内に達成できそうなものに留めておきましょう。もちろん、どこまでが現実的なのかの判断は、研究室の設備やノウハウ、また研究にかけられる時間や資源によって違うものになるでしょう。

5. ルール５：「問題」は課題達成を難しくしている原因に

問題の解決が本当に課題達成につながるかどうかをしっかり考えましょう。もしその問題の解決が課題達成の助けにならないのであれば、今回の研究においてそれは「問題」ではありません。単に「問題のようで問題でない何か」を解決しただけでは、「何かややこしい問題は解いたんだね。でも、それでどうなるの？わざわざやらなくてもよかったんじゃない？」と判断されてしまいます。

6. ルール６：「問題」は解決が困難な理由を説明できるものに

問題が課題達成を妨げる原因であったとしても、「誰もやらなかっただけで、やろうとさえ思えば誰でもできたんじゃないの？」と思われてしまえば、価値を認めてもらえません。そこで、問題の解決はなぜいままで困難だったのかを簡潔に説明できるようにしておく必要があります。複雑だったから、問題の捉え方に混乱があったから、手段がなかったから、など、色々な説明が考えられます。

2.1.4 マップの作成手順

　これらの６つのルールを守ってマップを作成する際に、どこから手をつければよいでしょうか。実は、６つのルールを守ろうとすると、手順は自ずと決まります。図 2-3 がその手順です。現状の把握→理想の提示→課題の設定→問題の推定の順に並んでいます。この順になる理由は、マップの各項目を

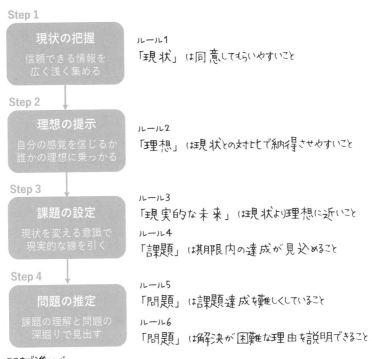

Step 1

現状の把握
信頼できる情報を
広く浅く集める

ルール1
「現状」は同意してもらいやすいこと

Step 2

理想の提示
自分の感覚を信じるか
誰かの理想に乗っかる

ルール2
「理想」は現状との対比で納得させやすいこと

Step 3

課題の設定
現状を変える意識で
現実的な線を引く

ルール3
「現実的な未来」は現状より理想に近いこと

ルール4
「課題」は期限内の達成が見込めること

Step 4

問題の推定
課題の理解と問題の
深掘りで見出す

ルール5
「問題」は課題達成を難しくしていること

ルール6
「問題」は解決が困難な理由を説明できること

ここまで進めば
研究の世界観が明確に!

図 2-3　研究フィールドマップの作成手順

定めるためのルール（図右）を見れば容易にわかると思います。他の項目に依存しているものは、それらのあとで決めるというわけです。

　決める順がわかったとしても、これらをすべて自力で決めていくのは非常に大変です。ゼロからやろうとすれば、何も決まらないまま数か月が経ってしまうおそれもあります。そうなりそうな場合には、指導教員の助けを借りましょう。教員の頭の中で世界観が大まかにできている場合があります[3] から、それをうまく汲み取ることができれば、マップの作成がずいぶん楽になります。

　指導教員に、「私が取り組む研究について、すでに何か決まっていること

[3]　「あの学生さんには～という課題に挑戦してもらいたいな」とか、「～が問題になって研究が進まないから、それを解決してくれる学生さんはいないかな」と考えている可能性があります。

はありますか？」とか、「いまどんな課題がありますか？」「いま何が問題になっていますか？」などと、マップの項目を決めるヒントを得られないか聞き取りをしてみましょう。「まずは自分で考えてみなさい」と言われるかもしれませんが、1つでも確定事項があるようなら難易度がずいぶん下がります[4]。もちろん、先生が答えの一部をもっていたとしても、図の **Step 1 〜 4** までを皆さん自身でしっかり考え抜くことは必須です。先生が描いていた世界観があるとしても、それが攻略可能である保証はありませんし、なにより研究を進める皆さん自身がそれを理解できていなければ冒険はうまく進まないからです。

　聞き取りの結果次第で難易度が変わります。実際には、以下の5つのケースのいずれかになるでしょう。

1. 何も決まっていないケース：

   「何を研究するかは好きに決めていいよ」と先生に言われた場合は、このケースです。楽そうに思えますが、実はものすごく大変です。この場合の攻略の難易度は Super Hard です。自由度が高すぎて、何から決めていけばいいのか途方に暮れてしまいそうですね。この場合は、まず何を研究対象とするかをざっくりとでもよいので定めて、その「現状」を把握することから始めましょう。

2. 現状が決まっているケース：

   「この研究室の昨年度の卒業論文の成果を引き継いでくれるのであれば、その先は自由に考えて進めていいよ」とか「この論文でやられていることの続きをやってみない？」と先生に言われたような場合です。難易度は Very Hard です。この場合は、その論文の中で述べられている研究対象とその現状を把握して、その理解で間違いないかを先生に確認することから始めましょう。

---

[4] どこまでヒントをもらえるかは、配属される研究室によってさまざまです。教員のほうであらかじめほとんどの要素を決めてしまっている研究室もあれば、すべてを学生が自由に決めるという研究室もあるからです。これは、どちらの研究室が親切かという話ではなく、単に研究や教育のどこを重視しているかという方針の違いの表れです。

3. 理想が決まっているケース：

   「この研究室では～という理想を掲げているんだけど、その理想に向かうような研究なら何をしてもいいよ」と教員に言われたような場合は、理想まで決まっているケースです。2つ目のケースよりも多少難易度は低いのですが、それでもやっぱり途方に暮れるので難易度は Hard です。まずは、「いまどこまでできているのですか？」という形で、その理想に関する現状の認識を確認しましょう。ここで現状に対する端的な説明を聞くことができたら、現状把握の Step も随分見通しのよいものになります。

4. 課題が決まっているケース：

   「この課題にぜひ挑戦してみましょう」と教員に言われたような場合です。ここにきて難易度はようやく Normal です。指導教員への聞き取りや研究室の卒業生の卒論・修論を読むことで、課題よりも上流の「理想」「現状」の理解をしっかり深めることから始めましょう。「これが課題ということなら、先生の中で目指している理想があると思うのですが、それはどんなものなのでしょうか？また、その理想に対して、現状はどうなっているのでしょうか？」と確認してみるのもよいでしょう。

5. 問題まで決まっているケース：

   「これがやっかいで困っているので、それを解決する研究をしませんか？」と言われたような場合です。この場合、問題発見を飛ばして問題解決から挑める状況なので、難易度は Easy です。この場合には、その問題が解決されることでどんな課題が達成されるのか、その課題を達成したいのはどんな理想を目指しているからなのか、そして、その問題が解決されていないいまはどんな現状にあるのか、についての聞き取りをしてみるとよいでしょう。

　繰り返しになりますが、いずれのケースでも、教員に言われたからその Step はそれで済ませてよい、というわけにはいきません。あくまで考えるきっ

かけに留めておき、最終的には皆さん自身が決めなければいけません。教員の認識がいつでも正しいというわけではありませんし、皆さん自身の訓練として、自分が理解した言葉で研究を説明できるようにならないといけないからです。

◤◤◤ **2.1.5 現状把握の方法**

マップの作成手順がわかったところで、それぞれの手順について具体的に見ていきましょう。Step 1「現状の把握」で行うべきは、「皆さんが研究で注目している対象がいまどのような状況にあるのかをはっきりさせる」ことです。研究対象は、皆さんが興味のあるものでもよいですし、先生に指定されたものでもよいのですが、とにかく対象についてよく知らなければ何も始められません。

現状把握のポイントは、信頼できる情報を広く浅く集めることです（図2-4）。信頼できる情報というのは、審査を受けた論文（学術雑誌に掲載されているものや査読付きの学会で発表されたもの）や、信頼できる機関（国際組織や政府、あるいは調査会社）が発行した報告書などに記載されている情報です。間違いが含まれている疑いの強い情報を頼りに「現状はこうです」

図 2-4 信頼できる情報を広く浅く集めて現状を把握する

と言ったところで、多くの人には同意してもらえません。ただし、論文の中にも信頼性が乏しいものもあり、それを見分けるにはある程度の経験が必要[5] ですから、「この情報源は信頼してよいでしょうか」と教員に確認をとることをお勧めします。

　信頼できる情報を「広く」集めるというのは、2つの意味があります。まず、「情報源は1つだけではなくて、多くあるよ」という説明ができるようにしよう、ということです。現状説明の根拠は多いほど説得力が高まります。もう1つは、対象のさまざまな面に対する情報を網羅的に集めるようにしよう、ということです。現状把握について、「ある側面ではそう言えても、別の観点からはそうも言えない」ということはよくあるからです。

　情報を広く集めようとする際には、対象を大まかにでも階層的に分類することがとても役立ちます。分類しておけば、情報が複数集められたかどうか、あるいは見過ごしている側面がないかを確認しやすくなるからです。

> 📝 攻略メモ
>
> 　たとえば、「桃太郎の村の治安悪化」を研究の対象にする場合、「治安悪化」は「村内部の原因によるもの」と「村外部の原因によるもの」の2つに大別でき[6]、それぞれさらに、「生命に危険を及ぼすほど重度のもの」と「軽微なもの」に分けられると思います。これが階層的な分類です。

　このように分けたうえで、見つけた情報がどこの分類に当てはまるかを見ていけば、「分類のこの部分の情報は多く見つけられたけど、ここの部分の情報はまだ見つけられていないから調査が必要だな」と気づくことができます。

　続いて、情報を「浅く」集めるというのは、「現状はどうなっているか」を理解することに目的を絞って効率的に情報源に目を通そう、ということです。論文には本当に色々な情報が載っているので、すべての情報を得ようと

---

[5]　論文誌の中には掲載の審査が甘いものがあり、先生はそれを知っている可能性があります。また、論文の文章の洗練度合いも信頼性の判断基準になるので、論文の執筆経験の豊富な先生のほうが信頼性を妥当に判断できるのです。

[6]　他にも「村人の身体を傷つけるもの」と「精神を傷つけるもの」といった分け方もできそうですね。分け方はさまざまなものがありえますが、とにかく何かの観点で分類しておくと情報を整理しやすいです。

すると、本当に必要な情報をとりこぼしてしまうおそれがありますし、なにより時間がかかってしまいます。現状把握というのは研究活動の入り口のステップなので、あまり時間をかけてはいられません。

　具体的には、対象に関係しそうな論文を集めたら、概要や緒言、あるいは結論の節だけをまずはざっと流し読みをして、「〜についてはいま〜が課題になっている」や「最近の研究で、〜は〜であるということが明らかになってきた」のような、研究対象の現状の説明が書かれている部分を探し、そこだけをかいつまんで読んでいきましょう。それで内容が理解できれば十分です。もし、そこに特殊な用語や言い回しなどがあって十分に理解できないようなら、少し前の部分に理解のヒントがないかを探します。このような「狙い読み」をすれば、1つの論文のチェックは早ければ数分で終わります。

> 📝 **エ攻田各メモ**
>
> 　もちろん、論文の他の部分にも重要な情報は載っているのですが、それらの情報はこのあとのステージで必要になったときにまた狙い読みで集めればよいのです。長い論文を端から端まですべて読んで理解しないといけないと思うと中々大変ですが、そこだけ抜き出して理解できればよい、ということなら気持ちも随分楽ですよね。この読み方は、日本語論文でも英語論文でも通用します。

◤ 2.1.6　理想掲示の方法

　続いて、Step 2「理想の提示」の方法は、大きく分けて2つあります。自分の感覚を信じるか、誰かの理想に乗っかるかです（図 2-5）。普段の生活で、「こうだったらいいのにな」「将来はこうあるべきだよな」と感じたことがあれば、それは十分に「理想」の候補になります。たとえば、「空を自由に飛べたらな」「平和になったらいいな」「未来では宇宙の不思議はすべて解き明かされているべきだよな」など、皆さん自身が描く理想はないでしょうか？夢物語のように非現実的なものでもかまいません。研究は、多くの人が「そ

図 2-5　自分の感覚を信じるか、誰かの理想に乗っかるか

うだったらいいな」と思いながらも「そんな理想が叶うわけがない」「そんな理想を追い求めている場合じゃない」と考えて諦めてしまう夢物語を少しでも現実にしていくための一歩です。1つの研究で理想を叶える必要はなく、そちらに向かって一歩踏み出せればそれでよいのです。理想についての皆さん自身の感覚を信じましょう。

　もし自分の感覚に自信がないのであれば、他の人が唱えている理想に頼りましょう。配属された研究室で、いくつか論文や書籍が紹介されるはずですし、先生や先輩が執筆した論文もあるはずです。それらの文献にはきっと、「この分野は〜を目指している」や「著者らは〜であるべきだと考えている」といった具合で理想が述べられていることでしょう。また、研究室と関連のある学会や組織、あるいは研究者個人のウェブサイトに、「我々のビジョン（理想）は〜です」と書かれている場合もあります。国連が掲げている「持続可能な開発目標（SDGs）」もそうですね。研究で掲げる理想は独自のものである必要はなく、むしろ大多数の賛同を得られるものであるべきなのですから、色々な人の理想を調べて、皆さん自身が賛同できるものを選ぶことはまったく悪いことではありません。

◢◣ **2.1.7 課題設定の方法**

Step 3「課題の設定」のポイントは、現状を変える意識と現実的な線引きです（図 2-6）。よくやってしまう間違いは、ミッションをアクションと取り違え、「単なるアクション」を課題にしてしまうことです。たとえば、「〜の考察」「〜の調査」「〜の実験」「〜の製作」などは一見課題のように思えるのですが、これらはどんな風にもやれてしまうので、「現状を理想に近づけるミッション」としては不十分です。

課題は「歩行ロボットの製作」にします!

やれるだろうけど
単にやっただけになっちゃうね

では「歩行ロボットの製作による
富士山単独登頂の達成」では?

それは世界初だから、
ロボットの現状の認識が変わるね!

でも、卒論では難しいね

では「富士山登頂に向けた
急斜面の安定歩行の達成」に留めます

図 2-6　現状を変える意識と現実的な線引きで課題を設定する

何か課題を設定したら、そこに「現状を変える意識」を付け加えてみましょう。いま設定している課題のあとに、「による」をつけてその先を考えてみるのです。たとえば、上で挙げた課題（のように思える単なるアクション）の場合には、「（〜の考察による）〜の理解」「（〜の調査による）〜の把握」「（〜の実施による）〜の改善」「（〜の製作による）〜の実現」のようにすることができますよね。このようにして考えを進めていくと、どこかで「現状に影

響を与えられるもの」が見つかるはずです。

　また、「課題」を決めるというのは、計画的に研究を進めていくために時間的な線引きをする、ということでもあります。「卒業・修了までに達成できそうなのは現実的に考えてここまでだな」と見きわめて、制限時間付きのゴールラインを引いておくということです。このようなゴールがないと、何月までに何を達成するかという具体的なスケジュールを決められません。そうなると、いまが焦るべき状況なのか、それとも冷静にじっくり考えを深めてよいときなのかの判断がつかず、うまい攻略などしようもありません。

　ただし、現実的なゴールラインを皆さんひとりだけで決めるというのは非常に無理のある話なので、現実的かどうかの判断を指導教員に仰ぎながら課題を洗練していくのがよいでしょう。というのも、ある課題が現実的かどうかは、研究室で利用できる設備や使える予算規模、また研究室に蓄積されたノウハウの程度によって異なるにもかかわらず、研究室に入って間もない皆さんは、こうした事情を把握できていないだろうからです。

　自分の中で納得できる課題が設定できたら、指導教員に、「私の研究課題は〜にしようと考えているのですが、卒論（あるいは修論）の課題として適切でしょうか」と尋ねてみましょう。その課題が現実的かどうかを、多くの観点から判断してアドバイスをくれるはずです。もしその課題が現実的なラインよりも遠ければ、「ちょっと難しそうだから、もうちょっと簡単なものにしてみては？」のように伝えてくれるでしょうし、逆に現実的なラインよりも近ければ、「その課題ならそんなに時間がかからず達成できそうだから、もっと欲張って難しい課題に挑戦してもいいと思うよ」のように答えてくれるでしょう。このアドバイスを参考にして、さらに課題を洗練させましょう。

◤ 2.1.8　問題推定の方法

　最後のStep 4「問題の推定」は、研究フィールドマップ作成のうえでとくに重要です。なぜなら、今後の研究の攻略の成否を最も大きく左右するからです。ここでのポイントは、課題の理解と問題の深掘りを繰り返して、よ

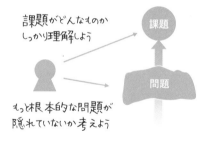

図 2-7　課題を理解し、問題を深掘りする

り本質的で根本的だと思われる問題を見出すということです（図 2-7）。

　注意すべきことは、見つけやすい表面的な問題は、解き方を見つけにくかったり、課題達成への効果が薄い場合がある、ということです。したがって、課題をさまざまな観点から捉えてよりよく理解したうえで、課題達成のために本当に解くべき問題が隠れていないかどうかをしっかり考えることが大切です。

> 📝 攻略メモ
>
> 　冒険ゲームでも、魔王がボスかと思いきや、本当に打ち倒すべき真のボスが他にいる場合があります。実は仲間だと思っていたキャラクターが、魔王を操っているのかもしれません。研究においても、真のボスの存在を示すヒントを見逃さないようにしたいものです。

　まず、課題についての理解を深めようとする際に役に立つツールとして、課題展開図があります（図 2-8）。これは、課題に関する情報を、5W1H（Who, What, When, Where, Why, How）で整理していくものです。使い方は簡単です。まず Step 3 で設定した課題を記入し（Step 4-1）、続いて 5W1H の疑問詞に答える形で、具体的な情報を知っているだけ書き込んでいきます（Step 4-2）。

　この課題展開図は、課題についての皆さんの知識を蓄積し、問題を深掘りしていくうえでの気づきを得るためのメモなので、きれいにまとめる必要はありません。効率的に文献調査をしたり[7]、誰かに教えてもらったりしなが

---

[7]　課題の When に関する情報が少ないな、と感じたときには、When についてのヒントに絞って狙い読みをするということです。

Step 4-1 課題の記入

課題

Step 4-2
各項目に回答

WHO 誰がそれを望んでいるのか／誰がそれを望まないのか

WHAT 何が生じているか／何を生じさせるのか

WHEN いつ生じているか／いつ生じさせたいか

WHERE どこで生じているか／どこで生じさせるか

WHY なぜ生じているか／なぜそれなのか

HOW どのように生じているか／どのように生じさせるか

図 2-8 課題展開図★

らどんどん埋めていきましょう。このシートは皆さんの「知識の結晶」として、今後の研究でも大いに役立ちます。

Step 4-1 課題の記入

課題　鬼の襲来の抑制

Step 4-2
各項目に回答

WHO 誰がそれを望んでいるのか／誰がそれを望まないのか

村人（抵抗する人・あきらめている人）が望んでいる
鬼ヶ島から来る鬼（赤鬼と青鬼）は望んでいない

WHAT 何が生じているか／何を生じさせるのか

家屋の破壊・金品の強奪・防戦一方で抑制気配なし
鬼の襲来の頻度や規模を減少させたい

WHEN いつ生じているか／いつ生じさせたいか

襲来は今年に入ってからほぼ毎日
秋の収穫までには課題を達成させたい

WHERE どこで生じているか／どこで生じさせるか

襲われているのは鬼ヶ島に最も近いこの村だけ
鬼ヶ島にいる鬼全員の襲来を抑制したい

WHY なぜ生じているか／なぜそれなのか

鬼は金品収集癖があるから？ もしくは退屈しているから？
鬼が強すぎて退治まではできないから

HOW どのように生じているか／どのように生じさせるか

抵抗しない人は襲われていない・赤鬼が率いている
逆に襲来が増えるようなことにはしたくない

図 2-9　課題展開図の作成見本

　図 2-9 は、桃太郎の鬼退治研究を例にとった課題展開図の作成見本です。
疑問詞をヒントにして情報が整理されていることに注目してください。

　課題展開図がある程度書けたら、次はそれを基に問題を深掘りしていきます。図2-10が、そのために使う問題深掘図です。問題深掘図では、課題に関する皆さんの知識と知恵を駆使して、より根っこに近い問題を発掘していきます。

　使い方を確認しましょう。まず一番上に課題を記入します（Step 4-3）。課題展開図のものと同じで大丈夫です。そうしたら、その課題を裏返した表現を考えます（Step 4-4）。これは単に、「課題」が達成されていない、という表現に置き直すだけです。これが「表面の問題」です。

　皆さんの知識と知恵の見せどころは、Step 4-5です。このステップでは、「なぜその問題は解決されていないのか？」という問いを繰り返しながら、その

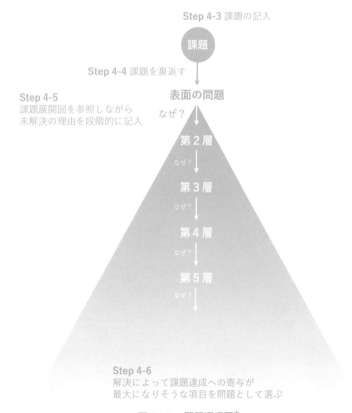

図2-10　問題深掘図★

問いに対する答えを考えたり調べたりして下に書き連ねていきます。具体的には、まずは「なぜ表面の問題は解決されていないのか」を考え、その答えを第2層のところに記入します。そうしたら、「なぜ第2層の問題は解決されていないのか」を考えて、その答えを第3層に記入する、という具合でどんどん下まで書き込んでいくのです。1つの問題には複数の理由を考えることが可能ですから、根っこのように枝分かれした図になっていくことになります。

　図2-11は作成見本です。ある程度推測が入っていってもかまいませんから、この見本のように、とにかくできるだけ広く、また深く根っこの図を作っていきましょう。ここで書き出していったものから、「真の問題として扱う候補」を選んでいくので、書き出せば書き出すほど皆さんの研究の選択肢が

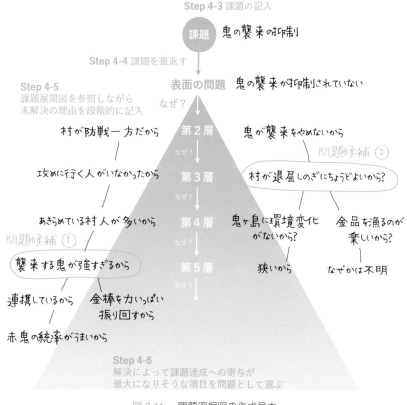

図 2-11　問題深掘図の作成見本

広がっていくことになります。うまく掘り下げていけないようなら、課題についての理解が足りていないということですから、課題展開図をさらに充実させたうえで、再度深掘に挑みましょう。

　最後に、書き出した項目のなかで、解決によって課題達成への寄与が最大になりそうなものを研究で解決すべき問題として選び出します（Step 4-6）。作成見本の例では、「襲来する鬼が強すぎる」という項目を問題の第1候補にしています。「これまで村への襲来が抑制できていなかったのは、襲来する鬼が強すぎたからだ」という説明で真実を捉えられたように感じられますから、よさそうですね。

　この深掘図のよいところは、研究で扱う問題のストックをためておけるということです。よさそうに思えた問題に対してこの先の研究を進め、よい解決方法が見つからないようなら、またこの深掘図に戻ってきて、他によい問題がないかを再検討することができるのです。たとえば、作成見本では、「村が退屈しのぎにちょうどよい」という項目が第2候補として注目されていますよね。強すぎる鬼をどうにもできないようなら、こちらに問題を切り替えてもよいわけです。予備のプランがあるというのは、安心ですね。

2.2　フェイズ2「道筋の選択」の攻略

　問題が決まったら、その問題にどう挑むかの作戦（アプローチ）を考えて「研究目的」を明確にするフェイズ2「道筋の選択」に入ります。同じゲームでも色々な道筋で冒険できるように、研究でも色々なアプローチで攻略に挑むことができます。ただし、すべてのアプローチを試す時間はありませんから、いずれかを選んでから臨むということになります。この節では、よいアプローチを選ぶための考え方を見ていきましょう。

▰ 2.2.1 アプローチ選びは慎重に

アプローチ選択は、研究で必須のフェイズでありながらもなかなか意識されないのですが、実のところ非常に重要です。選択次第で、その後の研究の効率だけでなく、楽しさや苦しさも大きく変わってしまうからです。

研究というのは、これまで誰も登頂できなかった山への挑戦に例えることもできます（図 2-12）。登頂を果たすのが課題で、課題達成を妨げている問題は、山そのものです。山（問題）を攻略して登頂（課題）を達成しようということになります。アプローチというのは、山頂までの道筋のことであり、図のように複数ありえますね。

ここで大切なのは、挑んでいるのは同じ山なのに、アプローチが違えば、挑む攻略の要所である目標も、そこを攻略するために用いる手段もまったく違うものに変わる、ということです。アプローチを適当に選ぶのは、何の考えもなしにとりあえず山に登ろうとするようなもので、途中で「手持ちの手段ではもうどうにも攻略を進められないからいったん麓まで戻るしかない」

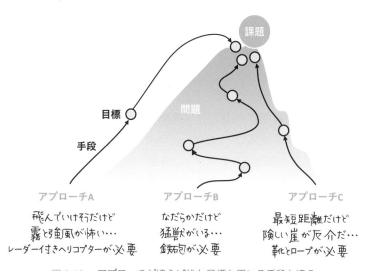

図 2-12　アプローチが違えば挑む目標も用いる手段も違う

という大変面倒な状況に陥る危険性があります。複数のアプローチを比較検討し、よりよいものを選びましょう[8]。

◤ 2.2.2 選ぶべきアプローチ

研究をうまく攻略していくためには、「現実的で」「着実で」「効果的な」アプローチを選ぶべきです（図 2-13）。それぞれの意味を順に確認していきましょう。

1. 現実的なアプローチ：
   研究室の設備やノウハウを活かせる方法で挑むものです。このアプローチを選ぶと、期限内に作戦の実施が完了する見込みが高まりま

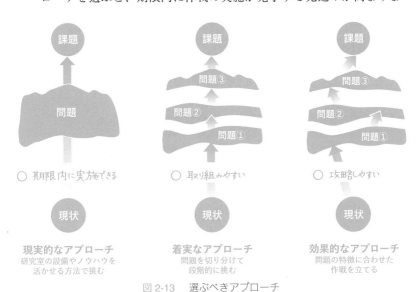

図 2-13　選ぶべきアプローチ

---

[8] たとえば、「子どもの認知機能の発達の仕組みを明らかにする」という課題に対しては、「特定の子どもの認知機能を長期間観察するアプローチ」もあれば、「子ども達を 2 グループに分け、違う状況で反応の違いを比較するアプローチ」「子どもの認知処理と学習の計算モデルを用いたシミュレーション上で仕組みを解析するアプローチ」など、さまざまなものがありえます。

す。研究室の強みや、皆さん自身の得意分野をよく知っておくことが大切です。指導教員との相談も大変重要です。指導教員は、研究室の設備やノウハウを蓄積してきた張本人であり、それらに習熟しているからです。課題と問題が決まったら、どんな挑み方が現実的なのかについてしっかり相談するようにしましょう。

2. 着実なアプローチ：

問題を切り分けて段階的な攻略を図るものです。山頂だけを見据えて突き進むよりも、たとえば麓、中腹、頂、のようにエリアを分けておいて、まずは麓から攻略しようとするほうが取り組みやすいですよね。どこまで攻略したかも把握しやすいですし、随時達成感も味わえます。研究における問題も、複数の問題に分解することができる場合があります。たとえば、「鬼が強すぎる」という問題であれば、「赤鬼が強すぎる」「青鬼が強すぎる」のように分けられますし、「ある機能を備える機械を実現する方法が不明」であれば、「材料が不明」「構造が不明」「制御方法が不明」などに分けられます。

> 📝 攻略メモ
>
> 　どれくらいうまく分けられるかは、課題や問題の理解度によって変わります。できるだけ細かく分けておいたほうが攻略は着実に進むので、課題展開図（図 2-8）や問題深掘図（図 2-10）を利用しながらうまく切り分けていきましょう。

3. 効果的なアプローチ：

問題ごとに特徴を分析して、それを踏まえてアプローチを決定するものです。麓、中腹、頂のエリアごとに特徴が違うのであれば、それぞれの特徴をよく調べたうえで個別に攻略法を考えるべきですよね。

　研究においては、ここで紹介したいずれか 1 つに当てはまるアプローチではなく、すべてに当てはまるアプローチを実施することが望ましいです。つ

まり、現実的で、着実で、効果的なアプローチをとるべきだということです。
なかなか大変ですが、アプローチ選びが研究の成否を大きく左右しますから、
頑張りどころです。知識と知恵を総動員して、よりよいと思えるアプローチ
を編み出しましょう。

▶ **2.2.3 極力避けるべきアプローチ**

逆に、避けるべきアプローチとはどんなものでしょうか。それは選ぶべき
アプローチの裏返しで、「非現実的で」「二番煎じで」「向こう見ずな」アプロー
チです（図2-14）。絶対に選んではいけないというわけではありませんが、
選ぶなら難点を理解したうえで覚悟しておくべきです。そうした忠告の意味
を込めて触れておきます。

1. 非現実的なアプローチ：
   研究室の環境では簡単に実施できない方法で挑むものです。何かを
   観察する研究を進めるのに効果的な顕微鏡が世の中に存在している

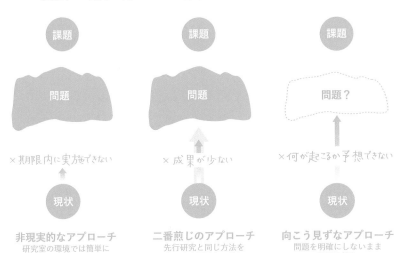

図2-14　避けるべきアプローチ

としても、研究室になかったり、購入したり借りたりする術もない
のであれば、それを利用した観察は実施できませんよね。もちろん、
それが本当に効果的なアプローチなのであれば、そのアプローチが
採用できるように研究室の環境を変えていくべきですが、皆さんが
研究を終えるまでに間に合うかどうかもわからないのであれば、別
のアプローチを模索するほうがよいでしょう。

> **📝 攻略メモ**
>
> ただし、そうは言っても、非現実を現実に変えていくのが研究活動なの
> ですから、ちょっと間に合わないかもしれないけど、とにかく進めてみよ
> う、という話になる場合もあります。その場合には、非現実的なアプロー
> チの裏で、保険として現実的なアプローチも進めておくなどの対処をして
> おくと安心です。

2.　二番煎じのアプローチ：

先行研究と同じ方法をそのまま採用して挑むものです。自分が挑も
うとしている問題に対して、「この先行研究論文ではこの方法を実
施していたから、それをそのまま自分もやろう」というものです。
先行研究が攻略できなかったところは同じように攻略できないまま
になるでしょうから、独自の成果が得られる見込みは薄いことを覚
悟しておきましょう。

> **📝 攻略メモ**
>
> ただし、その先行研究と同じ結果が得られるかどうかの再現性チェック
> も研究課題に含める場合や、卒論・修論研究での学習目的がその先行研究
> で実施している技術の習得なのであれば、このアプローチを選ぶことは許
> 容されるでしょう。また、2.3節で紹介するように、同じアプローチでも
> 目標と手段の立て方は色々ありえますから、そこで先行研究と差を作ると
> いうやり方も可能です。

3.　向こう見ずなアプローチ：

問題を明確にしないまま課題に挑むものです。どんな山なのかがよ

くわからないまま登頂に挑むのですから、何が起こっても不思議ではありません。何が起こるかわからないので、効果的な作戦を立てることも事前の準備を進めることもできず、場当たり的な対処に終始して、まったく成果が出ないまま期限を迎える可能性もあります。卒論・修論研究では、これは極力選ぶべきではないでしょう。

📝 攻略メモ

　ただし、研究一般として見れば、これは悪いアプローチではありません。重要な課題ではありつつも問題の所在がよくわからないということは、むしろ普通のことだからです。問題の所在がわからない以上は、とにかくやってみて、問題を少しずつ明らかにしていくしかありません。実は、これが研究という冒険の醍醐味であり、問題が把握できた暁にはものすごく大きな成果が得られるので、挑戦的な研究者はこのアプローチを実践しています。ただし、上に述べたように、期限内に成果が得られる保証はありません。

2.2.4　アプローチ選択の実例

　ここまで説明したアプローチの良し悪しは絶対的なものではなく、設定した問題に応じて決まります。図2-11の「鬼の襲来の抑制」という課題に対する問題深掘図で見つかった「襲来する鬼が強すぎる」と「村が退屈しのぎにちょうどよい」という2つの問題を例としてとりあげ、このことを確認しておきましょう。

　まず、「襲来する鬼が強すぎる」という問題に注目した場合について見ていきます。図2-15の上はよいアプローチを選んだ例、下はよくないアプローチを選んだ例です。よいアプローチでは、課題展開図の内容も踏まえて、問題は赤鬼、青鬼、そして村人の3つだと判断し、問題を①〜③の3つに分けています。そのうえで、それぞれの問題の攻略ポイントを分析し、それに基づいたアプローチを選んでいます。うまく問題の本質を捉え、よいアプローチを合理的に選ぶことができています。

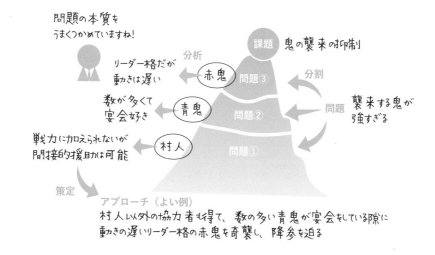

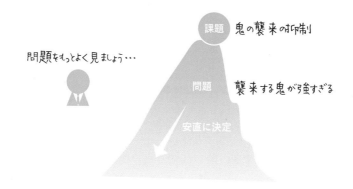

図 2-15　よい（上）あるいはよくないアプローチ（下）の選定例

　図 2-15 下はよくないアプローチ選定の例です。課題と問題は上図と同じですが、問題の切り分けや問題分析などの深い考えもなしに、非現実的かつ向こう見ずなアプローチを選んでいます。もっと問題をよく見て、考えを深めてからアプローチを選ばないといけませんね。

　続いて、問題が変わるとよいアプローチがどう変わるかも確認しておきましょう（図 2-16）。「襲来する鬼が強すぎる」という問題の代わりに、「村が

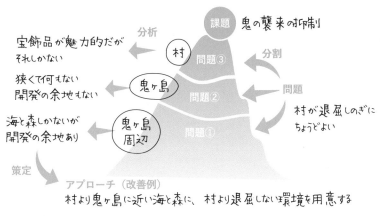

図 2-16 別の問題に対するよいアプローチ選定の例

退屈しのぎにちょうどよい」を問題としてとりあげています。この問題には、村だけでなく、鬼ヶ島や、鬼ヶ島周辺の問題も含まれていると考え、「村」「鬼ヶ島」「鬼ヶ島周辺」に関する3つの問題に切り分けています。そして、それぞれの問題の分析結果を踏まえて、「村より鬼ヶ島に近い海と森に、村より退屈しない環境を用意する」というアプローチを選んでいます。村への道中で鬼たちを満足させることができれば、村を襲うことなく鬼ヶ島に帰ってくれるだろう、と考えたわけです。設定した問題が違うと、よいアプローチは違ったものになるということが確認できたと思います。

　これらの例で見てきたように、よいアプローチを選ぶうえでは、問題を深く理解し、それに基づいて問題を切り分けて特徴を把握することが大切です。そのためには、課題展開図と問題深掘図をしっかり作っておくことが重要ですから、よいアプローチが思い浮かばない場合には、これらの図をもっと充実させてみるとよいでしょう。

2.3　フェイズ3「作戦の具体化」の攻略

　アプローチという道筋は、あくまで「この方針で取り組もう」という幾分漠然としたものなので、このままでは、実際何をやればよいのかをなかなか決められません。そこで、道筋に沿って目標と手段を考えていくことで、作戦を具体化していきましょう。この節では、目標と手段の違いを確認したうえで、それぞれの決め方を解説します。

2.3.1　目標と手段の違い

　まずは、目標と手段の違いを確認しておきましょう。目標と手段は全く別物で、作戦における役割も違います。

- 目標：
  作戦がうまく進んでいるかの確認に使うために、課題達成までの道中に設置する目印。まだ見ぬ困難が含まれます。選んだアプローチから外れていないかどうかや、しっかりと課題達成に近づけているかの確認をするために定めます。

- 手段：
  各目標を達成するための現実的な手立て。実施するだけなら簡単・確実なものです。研究で実際にやるべきことを明確にするために定めます。

　ここでも山登りをイメージしてみましょう（図 2-17）。登頂（課題達成）のための道筋（アプローチ）はすでに定まっているとします。ここで、目標というのは、道筋の3合目にある休憩所や8合目の宿泊ロッジといった、目

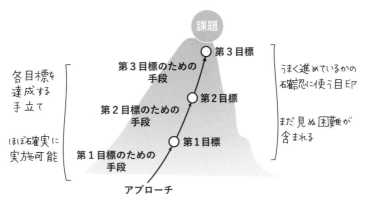

図 2-17 目標、手段、アプローチの関係

印になる途中地点です。一方で、手段というのは、各目標までの登山装備の
ようなものです。「最初の目標までは軽くて疲れにくい靴で行こう。次の目
標までは重いが滑りにくいスパイク付きの靴で行こう」といったものになり
ます。目標までの道中では予期せぬトラブルが起こるでしょうから、その装
備で目標に到達できる確証はないものの、装備を揃えて挑むこと自体は簡単
で確実ですよね。

　このように、目標と手段はまったく異なるものなのですが、実際の研究場
面では見分けるのが難しいので注意が必要です。たとえば、「試薬 A と B の
混合による物質 C の生成」は、目標でしょうか？それとも手段でしょうか？
「生成することを目指そう！」と言われれば目標のようにも聞こえますが、「早
く生成して、あの実験に使ってみよう！」と言われると手段のようにも思え
てくるのではないでしょうか。

　研究の場面で目標と手段の区別が難しいのは、専門知識が求められるから
です。「専門知識と技術があれば簡単・確実にやり遂げられるか」を見きわ
める必要があるのです。もし、「専門知識と技術があったとしても簡単・確
実には達成できない」なら、それは目標であり、「専門知識と技術があれば
簡単・確実に実施できるもの」なら、それは手段である、ということです。
具体的には、物質 C を安定して生成する簡単な方法がすでに確立されてい
るなら、物質 C の生成は手段として捉えるべきです。もしそうではなく、

安定して生成すること自体が困難であったり、大変な労力やコストがかかったりするのであれば、目標として捉えるべきです。

> ✏️ **工夫点メモ**
>
>   目標と手段の区別は非常に大切ですから、**区別できるように専門知識を学ぶ**ことに加えて、専門知識のある**教員や先輩に相談する**ようにしましょう。目標とすべき内容を手段として定めてしまうと、大変苦労します。手段の実施自体がうまく進まないので、いつ目標が達成できるかの見込みが立たないからです。逆に、手段にすべき実施内容を目標として定めてしまうと、あとで困ることになります。目標が達成できて喜んだとしても、専門家にとってそれが達成できることは当たり前なので、達成の価値を認めてもらえないからです。

▶ 2.3.2 よい目標の条件

　目標の立て方について詳しく見ていきます。なるべくよい目標を設定するためには、次に示す4つの条件を満たすように決めるのがよいでしょう。

1. 簡単・確実には達成できない：

   専門知識と専門技術があったとしても、時間や労力がかかるものか、あるいは確実に達成できるかわからない挑戦的なものにしましょう。この条件が満たされていないと、「今回の研究で、ここまでの目標を達成できました」と成果報告をしたときに、「それは単にやっただけで、とくに難しくはないのでは？」と価値を認めてもらえないおそれがあります。

2. 課題達成のために挑む価値がある：

   課題達成に至る確かなステップであり、挑む必要があるのだとしっかり説明できるようにしましょう。目標達成までには時間も労力もかかりますから、それに見合う価値のある目標にすべきです。この条件が守られていないと、「頑張ってやったのはわかるけど、あえて

やらなくてもよかったのでは？」と言われてしまいかねません[9]。

3. **選んだアプローチに沿っている**：

自分の選んだアプローチを理解して、それに従って選ぶようにしっかり意識しましょう。アプローチに沿わない目標や手段を選んでしまうと、「どんな作戦で挑んでいるかを自分でも理解できていないのでは？」と疑われて、研究の信頼性が損なわれてしまいます[10]。

4. **達成度が客観的に評価できる**：

達成できたかどうか、あるいはどこまで達成できたかの判定が、人によって変わらない目標にしましょう。そうでないと、「達成できました！」と報告したとしても、「いや、私にはそう思えません」という反論を受けてしまうからです。確かにできたと認めてもらうために、目標は証拠を得られるものや数値を含めたものにしておくとよいでしょう（図2-18）。この条件を満たせていると、作戦の修正にも役立ちます[11]。

---

[9] 「突風に対するドローンの姿勢安定性の評価」という課題に対して「動き回るドローンに向けて様々な強さの風を当て続ける送風装置の開発」という目標を立てて努力したとしても、屋外の実験で済んだのでは？という疑問は当然もたれますよね。

[10] 「大規模調査データを用いた信頼度の高い統計解析」というアプローチを選んでいるのに、「数名への聞き取りによる調査方法の確定」という目標を立ててしまうと、この研究は本当に信頼できるのだろうか？と心配されるでしょう。

[11] 達成度がひどく低いということがわかれば、手段や目標（あるいはアプローチ）を見直そうかという検討に入れますし、惜しいところまでできているのなら、もうしばらく作戦を継続してみよう、といった判断ができます。

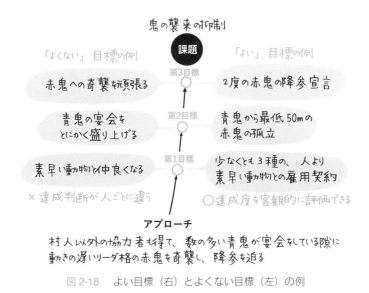

図 2-18　よい目標（右）とよくない目標（左）の例

◀ 2.3.3　よい手段の条件

　手段とは、「専門知識と専門技術があれば簡単・確実に実施できる現実的な手立て」でしたよね。一見簡単に決められそうですが、少し注意すべきです。手段は、「皆さん自身にとって」現実的でないといけないのです。よさそうな手段が論文などで紹介されていたとしても、皆さん自身がその手段を実施するまでに数か月も数年もかかってしまうのであれば、成果が出る前に卒論・修論の提出時期がきてしまいますよね。誰かにとってはよい手段でも、皆さんにとってそれが困難であれば、別の手段を講じるほうがよいのです[12]。

　手段を決める際には「自分がこれから必要な専門知識と技術を得て、手段を実施し終わるまでにどれくらいの期間が必要だろうか」と必要期間を見積もりましょう。そこまで正確である必要はありませんし、教員や先輩に尋ねてみてもよいです。ここで必要期間の想像がついて、それが卒論・修論研究

---

[12] 「画像中の特徴を抽出する」という目標に対して「画像処理ソフトウェアを自作する」という手段を選ぶのは、ある程度プログラミングのスキルや経験がないと現実的ではありません。「一般販売のソフトウェアを利用する」などの手段に切り替えるのがよいでしょう。

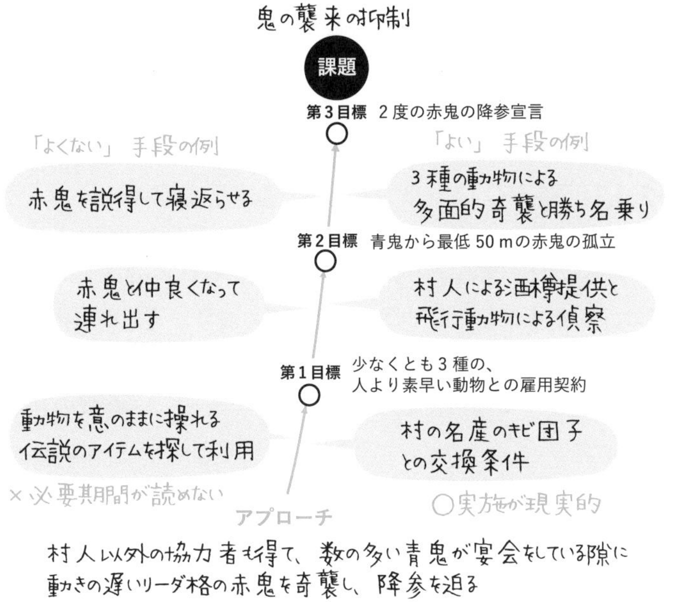

鬼の襲来の抑制

課題

第3目標 2度の赤鬼の降参宣言

「よくない」手段の例　　　　　　　「よい」手段の例

赤鬼を説得して寝返らせる　　　　　3種の動物による
　　　　　　　　　　　　　　　　　多面的奇襲と勝ち名乗り

第2目標 青鬼から最低50mの赤鬼の孤立

赤鬼と仲良くなって　　　　　　　　村人による酒樽提供と
連れ出す　　　　　　　　　　　　　飛行動物による偵察

第1目標 少なくとも3種の、
　　　　　　　人より素早い動物との雇用契約

動物を意のままに操れる　　　　　　村の名産のキビ団子
伝説のアイテムを探して利用　　　　との交換条件

× 必要期間が読めない　　アプローチ　　○実施が現実的

村人以外の協力者を得て、数の多い青鬼が宴会をしている隙に
動きの遅いリーダ格の赤鬼を奇襲し、降参を迫る

図2-19　よい手段（右）とよくない手段（左）の例

の中で許容できるようなら、手段として選んでもよいでしょう。反対に、周囲に相談しても期間が見積れないようなら、避けたほうが無難です[13]。図2-19には、図2-18で挙げたよい第1〜第3目標に対して策定した、よい手段とよくない手段の例を載せています。

---

[13] ただし、どうしても代わりの手段がなく、またその手段の実施に必要な専門知識や技術の習得が皆さんにとって大きな価値があるのなら、研究としての成果は出ないかもしれないという覚悟のうえで選ぶのもありです。

2.4 第1ステージのまとめ

2.4.1 俯瞰しつつ合理的に作戦詳細を詰める

　このステージでは、策略家のように大局を見失わないようにしつつ、合理的に作戦の詳細を詰めていくために、世界観の設計、道筋の選択、作戦の具体化、という3つのフェイズの攻略法を解説しました。すべての目標に対してよい手段を見つけることができたら、第1ステージ「作戦の立案」はめでたく完了です。

　図2-20 はこの章のまとめです。現状の把握から始めて、理想の提示、課題の設定、そして問題の推定という4つのステップで世界観を設計するのがフェイズ1でした。ここでは俯瞰の視点を得るための研究フィールドマップや、問題の推定に活用できる課題展開図と問題深掘図を紹介しました。問題まで決まれば、「研究テーマ」が明確になったと言えます。次に、アプローチを選定するのがフェイズ2で、これによって「目的」が明確になります。最後に、そのアプローチに沿って目標を設置し手段を決定するのがフェイズ3でした。ここまできて、「やるべきこと」がはっきりします。

　この図で、合計で7つのステップを縦につないでいるのは「論理の鎖」です。上段の内容をすべて踏まえた論理思考に基づいて、下の段の内容を決めていくことを意味しています。上から1つずつ鎖でつないでいき、それを伝って降りていくにつれて段階的に作戦の詳細が決まっていくイメージをもつとよいでしょう。

　この論理のつながりは非常に重要です。まず、論理がしっかり通っていることは、課題達成の確率と効率を高めます。もしどこかでうまくいかなくなったとしても、「そうか、あそこの考えが間違っていたのだ」とさかのぼって具体的に反省点を見つけることができるからです。また、論理がしっかりしていることは、研究そのものにとっての命綱でもあります。どこか論理がしっかりつながっていないところがあると、そこから下の鎖（考え）はすべて落

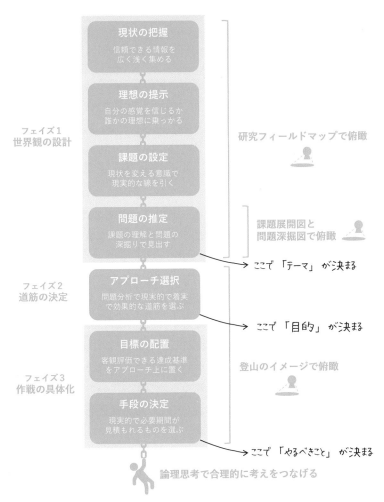

図 2-20 第1ステージ「作戦の立案」のまとめ

ちてしまいます。信憑性のある確かな研究としては認められなくなってしま
うのです。論理の鎖が切れてしまわないように、しっかり考えをつなげて手
段まで決めていきましょう。

2.4.2　途中で行きづまったら論理の鎖の一段上から見直す

　論理思考によって論理の鎖をつなぎ、現実的な手段を決めるところまで降りてこられたら、作戦の立案は無事完了です。しかしこれがなかなか難しく、鎖の途中で行きづまることが多々あります。たとえば、課題は設定したものの問題がうまく推定できないとか、目標は設置したものの現実的な手段が一向に決まらない、といった状況です。ある程度検討してどうしてもらちがあかないとなったら、これまでの考えのどこかを改めて、作戦を立て直す必要が出てきます。そんなときにやみくもに作戦をいじるのはよくありません。論理の鎖をたどるようにして論理的にそこまでの作戦を詰めてきたのですから、下手にあちこち作戦をいじると、気づかないところで論理が破綻する、つまり論理の鎖という命綱が切れるおそれがあるからです。

　作戦を立て直す際の重要なポイントは、行きづまったときには論理の鎖の一段上から見直しを始めるということです。たとえば、問題がうまく推定できないようであれば、その上段の課題の設定を見直すことから始めましょう。もしそれでも問題がうまく推定できないようなら、その時点で初めて、さらに上段の理想の設定を見直すことを始めるのです。このように、鎖の昇り降りが最小限で済むようにする方法によって、作戦の変更を最小限に留めることができ、思わぬ論理破綻を防げます。

　では、論理の鎖の最上段である現状の把握がどうしても進まないときはどうすればよいでしょうか。調査をしようにも、研究対象をうまく絞り込めないといった場合です。こんなときは、アプローチや手段を先に決めて、それがうまく効きそうな研究対象にするというやり方も可能です。研究室で得意なアプローチや手段がある場合、それを使うことをテーマ決めの前提にしておくのです。論理の鎖がつながりさえすれば、決めやすいところから決めてもかまわないのです。

chapter

3

作戦の準備…第2ステージの攻略

　第1ステージで作戦が決まったら、第2ステージ「作戦の準備」に入ります。準備を侮ってはいけません。作戦の停滞を防ぎつつも、無駄が出ないようにする必要があるのです。このステージでは、必要な**準備項目を列挙**（リストアップ）し、**順序を決定**し、**締切を設定**する、という3つのフェイズで攻略を進めます。「しっかり無駄なく」準備を進めるためには、**「先読み」**と**「段取り」**の2つのスキルが必要になります。

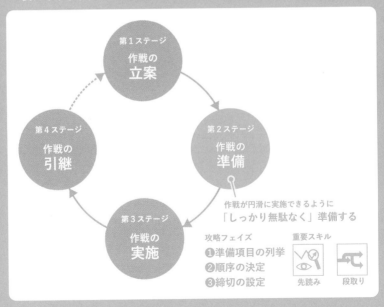

3.1　フェイズ1「準備項目の列挙」の攻略

　準備をうまく進めるための第一歩は、必要な準備を先読みして把握することです。「旅行に持っていくものリスト」や「買いものリスト」のように、「準備項目リスト」を作ることから始めましょう。

3.1.1　準備の手際の重要性

　まずは、ある手段を講じるために必要な準備が1つでも遅れると、それ以降の攻略の流れはほぼ停滞してしまうことを確認しておきましょう。図3-1 は、第1目標を攻略して成果を得たあと、それを基に第2・第3目標の攻略に移ろうとする流れを示しています。

　手段を実施するためには、手段ごとに色々と準備が必要です（準備 A ～ F）。何らかの観測装置を用いるのなら、その装置が正常に動作するような設定や、使い方の練習が必要です。ソフトウェアのカスタマイズも必要になるかもしれません。こうした準備を1つでもうっかり忘れてしまうと、その先の準備がいくら整っていたとしても、実施せずに待たねばならなくなるのです。長時間維持できない準備であれば、一端元に戻すといった無駄な手間も生じます。

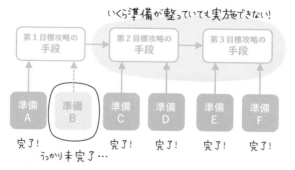

図 3-1　準備の手際が成果の獲得効率を大きく左右する

3.1.2 3種類の準備

うっかり忘れをなくすために、リストを作りましょう。ただし、作り方には工夫が必要です。買いもののためのリストなら、「思いつくものから書き出していく」やり方でよいかもしれません。しかし、研究の準備項目リストを作成する場合、作戦の規模が大きくなるにつれて、この方法はうまくいかなくなるのです。

項目が多い準備を漏れなく進めるには、一定の枠組に従って段階的にリストを作成していくことが有効です。ここでは、準備を3つに分類する方法を紹介します（図3-2）。「必須の備え」「前段の備え」そして「後段の備え」です。この3種類の準備が揃うと、「しっかりと準備ができた状態」になります。

● 必須の備え：

読んで字のごとく、手段を実施するうえで絶対に欠かせない準備です。これが整わないかぎり、作戦は絶対に実施できないので、漏らすわけにはいきません。

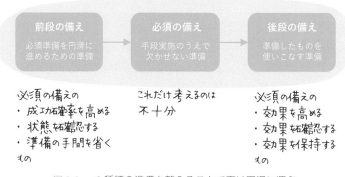

図3-2 3種類の準備を整えることで事は円滑に運ぶ

● 前段の備え：

　必須の備えを円滑に進めるために、必須の備えより前の段階で済ま
せる準備です。必須の備えの成功確率を高める、状態を確認する、
手間を省くための準備が該当します。

● 後段の備え：

　必須の備えが整ったあとの段階で行う準備です。これは、準備した
ものを使いこなすための準備です。必須の備えの効果を高めたり、
確認したり、あるいは保持したりするものが該当します。

　たとえば、ある実験装置と試料を使う場合、必須の備えは「実験装置や試料
の確保」です。これらがないと実験は実施できませんよね。この前段の備えと
しては、たとえば「装置の動作確認」や「試料の在庫確認」があります。装置
が故障していたり、試料の在庫がなかったりすれば、修理や試料発注という他
の準備も必要になってくるので、前もって済ませておかないといけません。

　後段の備えとしては、「装置の使い方の習熟」や「実験後の試料の廃棄方
法の把握」などが挙げられます。装置を準備できたとしても、うまく扱えな
ければ実験は捗りません。また、試料を使ったあとの廃棄方法がわからなけ
れば、実験の終盤に慌ててしまって実験に失敗してしまったり、実験装置を
汚して劣化させてしまったりするおそれがあるので、これもやはり大切です。

3.1.3　準備項目リストの作成方法

　「前段の備え」「必須の備え」「後段の備え」は、この順で実施することに
なります。ただし、リストを作成していく際には、まずは「必須の備え」か
ら書き出していくのがよいでしょう。前段と後段の備えは、この必須の備え
をもとに考えると整理しやすいからです。実際の実験や調査の手順をできる
だけ具体的に思い浮かべて、「それがないとそれ以降進められなくなるぞ」
と気づいたものをリストに書き出していきましょう。

　準備項目リストは何度も書き直すことになるので、この段階ではメモ書き程度のラフなものでかまいません。ただし、次のような工夫が可能です（図3-3）。

● 目標と手段も記載しておく。どの目標や手段についての準備なのかを意識するため。

● 準備項目を大分類ごとに整理する。分類しておくことで、「あ、これについてはこの準備も必須だな」と気づきやすくなります。

● かっこ書きで備考も書き込む。

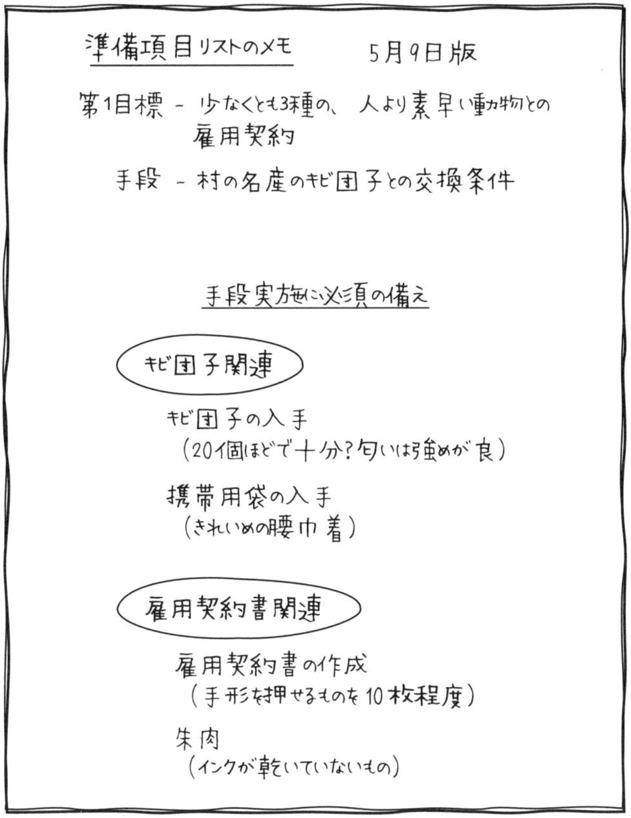

図 3-3　必須の備えをリストアップした例

　このリストを作成するには、手段に関する具体的な知識が要求されます。ですから、手段について理解を深める必要があります。ここでも、知識の豊富な先輩や先生の助けを積極的に借りましょう。先輩や先生に準備事項や注意事項について教えてもらえると、色々と必須の準備が抜けていたことに気が付けるはずです。あるいは、書き出したメモを見てもらうのもよいでしょう。「あれ、あの準備が抜けてない？」とあっさり指摘してもらえるかもしれません。いずれにせよ、抜けに気が付いたら、忘れないうちにリストに追加しておきましょう。

　必須の備えをリストアップできたら、それを頼りにして前段と後段の準備項目をリストに加えていきましょう。図 3-4 は、図 3-3 のリストに前後段の備えを追記した例です。中央に必須の備えが書き込まれていますね。各必須の備えの左側には「前段の備え」を、右側には「後段の備え」を配置しています[1]。

　このリストでは、各段の備えの間に右向きの矢印が引かれています。このように、前段から必須、必須から後段の備えの間を矢印として結んでおくと、ある備えをするときにどの準備から始めればよいのかが視覚的によくわかります。このように、3 段階に分けて準備をリストアップしていくと、それぞれの実施の流れも整理できて大変便利です。

---

[1] 「キビ団子の入手」という必須の備えについては、「キビ団子を作ってくれる村人の確保」という前段の備えが記載されています。これは、キビ団子の入手がうまくいく確率を高めるための準備です。他にはどんな前段の備えがありうるでしょうか。

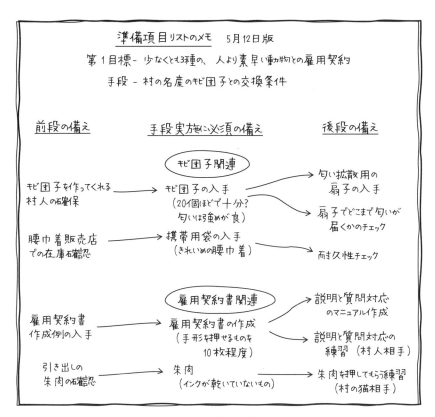

図 3-4 必須の備えに前後段の備えを追記した例

3.2 フェイズ2「順序の決定」の攻略

　準備すべき項目を先読みして列挙できたら、次に行うのは準備開始順序の決定です。どの段階でどの準備を始めるか、という「段取り」がうまくないと、円滑に準備が進まないのです。

◤ 3.2.1 準備の順序が進捗を大きく左右する

　準備項目の列挙は、やろうと思えばいくらでも細かくできます。前段の備えのさらに前段、後段の備えのさらにあと、といったように、準備項目リストの作成はキリがないのです。列挙はいいところで切り上げて、できるところから準備を始める必要があります。

　ここで重要になってくるのが、準備開始の順序です。準備項目リストを作成するという準備も含めて、それぞれの準備をどの段階で始めるか、という準備の順序をうまく決定できると、準備は円滑に流れ、無駄が減ります。

　ただし、この決定は簡単ではありません。たとえば、第1目標攻略のための準備項目リストのメモにまだ不備がありそうな状況でもとにかく準備を始めるのと、不備の心配がなくなるまで準備開始を待つのとでは、どちらが効率的でしょうか。あるいは、第1目標を達成していない段階で、第2目標攻略のための準備項目リストのメモはどこまで詳しく書くべきでしょうか。はっきりした判断基準をもっていないと、だらだらと1つの準備を続けてしまったり、もしくは中途半端なまま次の準備に取り掛かって、どこまで準備をしたかがわからなくなったりしてしまいます。

　準備項目を列挙するうえでは、「先読み」のスキルが重要でした。ここからは、円滑に準備が進むようにするための「段取り」スキルが重要になります。全体を見渡しながら、準備項目間の順序関係を適切に決めることが必要です。そこで、準備の順序の決定法について見ていきましょう。

◤ 3.2.2 最優先すべき準備

　順序を決めるうえで知っておくべきなのは、作戦のあとのほうで必要になる準備は、どこかの段階で不要になって無駄になる可能性が高い、ということです。なぜかというと、当初の作戦は完璧に狙いどおりにいく保証はなく、

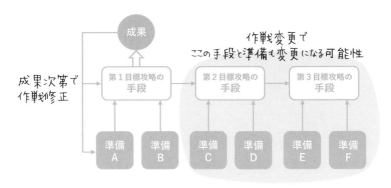

図 3-5　先の実施項目の準備ほど不要になる可能性は高い

手段を実施して得られた成果[2] に基づいて何度も修正されることになるから
です。作戦が変更になれば、当然準備も変更になります（図 3-5）。

　このため、作戦のあとのほうで必要になる準備は基本的には後回しにして、
まずは最初の目標に関する成果を得るために必要な準備をいち早く整えるべ
きです。最初の成果を早く得られるほど、無駄になる時間や準備を減らすこ
とができます。そのため、最初に実施する手段のための準備はスピード重視
で行いましょう。最初から完璧なリストを作らなくても大丈夫です。まずは
必須の備えをざっと書き出し、書けたものから前段の備えを書き出していき
ましょう。その中ですぐに実施に入れそうな準備項目があれば、さっそく始
めましょう。

3.2.3　実施時期に応じた準備方針

　実施時期の遅い手段のための準備は不要になる可能性があるとはいうもの
の、まったく準備をしないでおくというわけにはいきません。もし作戦がそ
のまま順調に進んだときに、準備が整っていなければ研究が停滞してしまう
からです。

---

[2] 次の章で説明しますが、ここでいう成果というのは、「採用した作戦がうまくいくはずだという
　考えの正しさ（あるいは誤り）を確認するための判断材料」のことです。

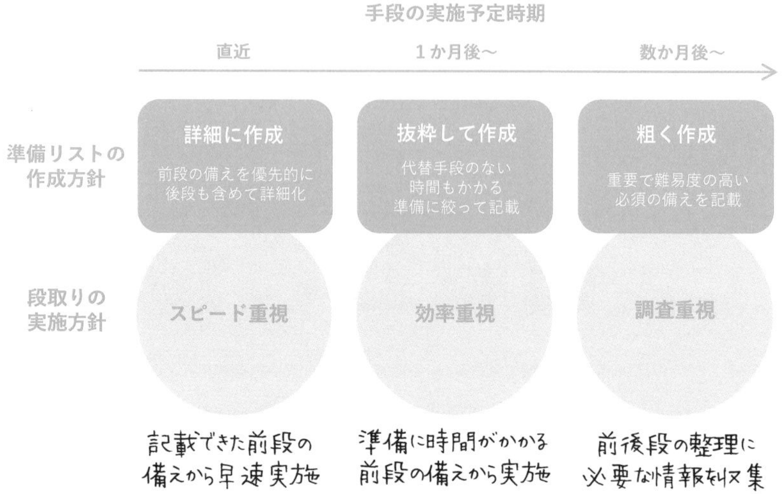

手段の実施予定時期

| 直近 | 1か月後〜 | 数か月後〜 |

準備リストの
作成方針

| 詳細に作成 | 抜粋して作成 | 粗く作成 |
| 前段の備えを優先的に 後段も含めて詳細化 | 代替手段のない 時間もかかる 準備に絞って記載 | 重要で難易度の高い 必須の備えを記載 |

段取りの
実施方針

| スピード重視 | 効率重視 | 調査重視 |

| 記載できた前段の 備えから早速実施 | 準備に時間がかかる 前段の備えから実施 | 前後段の整理に 必要な情報を収集 |

図 3-6　手段実施時期に応じた準備の違い

　準備項目リストをどこまで作り込むべきかや、実際の準備をどう進めるべきかは、実施時期に応じて異なります（図 3-6）。

● 直近で実施する手段：

　先述のとおり、前段の備えを優先して記載しましょう[3]。スピード重視なので、記載できた前段の準備から早速実施していきましょう。

● 概ね 1 か月後に実施する予定の手段：

　効率重視で準備します。準備項目リストは細かいところまで漏れなく書き出すと無駄が大きいので、替えの利かない、時間のかかる準備に絞って書き出せば十分です。書き出した準備のなかで、とくに時間がかかり、いまから準備を始めないと間に合わないものがあれば、前段の備えを中心に実施し始めます。

● もっと先の、たとえば数か月後に実施するかもしれないような手段：

　調査重視で準備します。準備項目リストは、重要ながら難易度の高

---

[3]　当然、先だって必須の備えの記載も必要です。必須の備えを参考にして前段の備えを書いていくからです。

い必須の備えのみ書き出せばよいです。現時点でやるべきことは、このリストを詳細に書くべき時期が来た際に、うまく書けるようにするための情報収集です。その手段について先輩や教員に教えてもらったり、独自に勉強を始めたりといったことをするとよいでしょう。将来必要になりそうな準備事項について調査して知識を増やしておくことは、もしその準備が不要になったとしても、将来どこかで役に立つ可能性があるため、大きな無駄にはなりません。

図では、時期の目安として1か月後や数か月後としましたが、もっと短い期間にしてもかまいません。重要なのは、実施時期が近いほどスピード重視で実施し、遠いほど効率重視や調査重視にするということです。メリハリをつけて準備を攻略しましょう。

3.2.4 最上流を見きわめる

準備項目リストを詳細化して項目が増えるにしたがって、どれから準備を始めればよいかの判断が難しくなります。このときに有効なのは、依存関係のある準備項目をつなぐ「縦の矢印」です。ここまで作成してきた準備項目リストのメモ（図3-4）の中で、こちらの準備が完了していないとあちらの準備も完了できない、という依存関係がないかをチェックし、見つけたら縦向きの矢印を書き込んでいきましょう。先に完了すべき準備から、それに依存した準備に向かって矢印を引きます。

矢印を加えていく目的は、最優先で実施すべき準備項目を探し当てることです。メモを見渡して矢印を上流へたどり、最上流にある準備を探すのです。それが最優先すべき準備です。この準備が終わらないかぎり、他の準備を進めていってもどこかで停滞してしまいます。また、この最上流の準備を進めてみて、もしそれが準備できないという不測の事態が発生した場合、その下流にある準備はせっかくやっていたとしても無駄になる可能性があります。なので、最上流のものを最優先に実施すべきなのです。

　図 3-7 は、図 3-3 の準備項目リストのメモに、依存関係を考えながら縦の矢印を書き加えた例です。もはや単なるリストではなく、流れを表すものになったので、「準備フロー」のメモとよぶことにします。必須の備えに対しては 3 つ、後段の備えに対しては 2 つの矢印が加えられています[4]。

　この準備フローのメモができあがれば、どの準備が終われば先の準備に移れるのかが一目瞭然です。このメモを頼りに上流にある準備から順にこなし

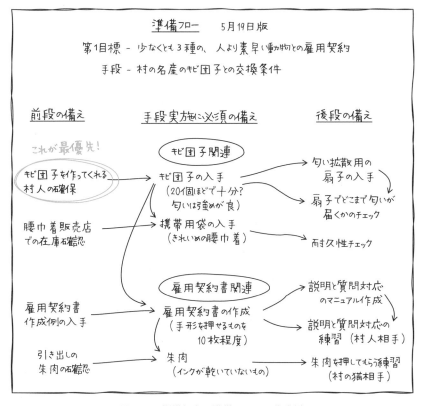

図 3-7　縦横矢印の準備フローの作成例

---

[4] たとえば、「キビ団子の入手」から「雇用契約書の作成」に向かって縦の矢印が加えられています。これは、雇用契約書の文面に、「キビ団子との交換条件で鬼退治に参加し、桃太郎の指示に従って攻撃に参加すること」と記載したいからです。つまり、この雇用契約書の作成という準備は、キビ団子が入手できることが前提なのです。もしキビ団子が入手できなかったら、少なくとも文面は変えなければいけませんし、もしかすると、動物と雇用契約を結ぶという目標自体を変更することになるかもしれません。そのため、矢印で結ぶべき依存関係があるというわけです。

て、どんどん下流へと向かっていきましょう。もちろん、上流の準備が終わらない限り、下流の準備を始めてはいけないというわけではありません。少し先（下流）の準備でも、余裕があるなら進めておくほうがスムーズに進みます。

3.3　フェイズ3「締切の設定」の攻略

準備フローのメモができたら次に行うべきことは、スケジュール設計と進捗管理です。つまり、どの時期にどのくらい準備が進捗していればよいかを決め、そのとおりにいくようにすることです。準備の依存関係を把握したうえで準備の進捗を管理できるようになると、段取りのスキルが身についたことになります。この節では、「時間的締切」をうまく使いこなす方法を学びます。

3.3.1　準備の進捗は締切で管理

準備の進捗管理には、締切の設定が不可欠です。締切がないと、進みが速いのか遅いのかを見きわめられないからです。この理屈から言えば、すべての準備項目に締切が設定されているのが理想的だということになります。実際、大勢のメンバーが関わっていて、何としてでも期限内にタスクを完了させなければいけない大型プロジェクト（たとえば、製造開発や建設など）では、厳密に進捗を管理するために、細分化された項目ごとに細かく締切が設定されます[5]。

ただし、締切を細かく設定すればするほど、管理のコストは増大するということに注意が必要です。締切管理は大変です。そもそもすべてに締切を設定するだけでも大変なのに、一部の準備に遅れが出てしまうとそれ以降の締切もすべて変更していかないといけないからです。何度も実施経験があり、

[5]　ガントチャートなど、いくつかの種類の工程管理表があるので調べてみてください。

またほぼ想定どおりにことが運ぶ場合ならまだよいですが、何が起こるかわからない研究においては、細かすぎる締切設定はむしろ足枷になります。研究を主体的に進めるのは皆さんしかいないのですから、準備の進捗管理に時間をとられて準備に手を出せないくらいなら、締切を設けずに片っ端から準備を進めたほうが早いでしょう。

　ここで言いたいのは、「締切なんてまったく考えなくていいよ」ということではありません。準備項目の列挙の場合と同じように、効率アップのために締切をうまく活用しましょう、ということです。

◤ **3.3.2**　締切の種類

　締切には、それを守るべきだという責任がつきまといます。その責任の意識を進捗のためのプレッシャーに転化することを狙っているのですから、ある意味当然です。しかし、責任にもさまざまなものがありますから、その違いを考慮せずに、ただがむしゃらに守ろうとするだけでは、締切という道具の使い方としてはうまくありません。ここでは、締切を「責任とプレッシャーの重さ」の違いで3つに分類して考えてみましょう（図3-8）。

時間感覚を養う
練習に利用

軽量級の締切

自身の裁量で
気軽に設定したり
変更したりできる

進捗の加速に
活用

中量級の締切

適度な焦りが得られ、
もし守れなくても
低ストレスで変更できる

他の締切設定の
絶対基準に

重量級の締切

守れなかったり
変更しようとすると
多大なストレスがかかる

図3-8　責任の重さによる締切の使い方の違い

● 軽量級の締切：

皆さん自身の裁量で気軽に設定したり変更したりできる締切。「3時間後には準備項目リストのメモをある程度作り上げよう」という決心や、「この日までには先生に実験計画を連絡しよう」といった、自分の中で勝手に決めた締切が該当します。この締切のよいところは、もし守れなくても誰にも迷惑がかからないことです。そのため、締切を守るための時間感覚を養う練習に使います。「この作業は自分ならこのくらいの時間で終えられそうだな」と見積もるための時間感覚は、経験を積まないとなかなか身につかないものです。軽量級の締切は、その練習に使えるのです。

● 中量級の締切：

適度な焦り、あるいはよいプレッシャーを得られ、もし守れなかったとしてもあまりストレスを感じることなく変更できるような締切。研究チーム内での進捗発表会の日程や、先輩と実験を実施すると約束した日づけ、あるいは教員との個人面談の日程などが該当します。また、その先の重要な締切を守るための、「余裕をもたせた締切」もこれに該当します。この締切は、守らないといけないというプレッシャーがある程度あるものの、もし守れなくてもそれほどひどい事態にはなりません。そのため、進捗を加速させるために活用できます。

● 重量級の締切：

守れなかったり、変更しようとしたりすると多大なストレスがかかる、あるいは変更不可能な締切。卒論や修論の提出日や学会での発表日、あるいは重要な物品の販売終了日や外部協力者との面談日など、研究のチームメンバー以外が強く関与している日程が該当します。教員に頼んでも変更は不可能だったり、あるいは無理やりに変更しようとすると研究室外に大きな迷惑がかかったりするものです。「とにかく守らないといけない」というプレッシャーが大きいので、この締切に圧迫されるのは大きな精神的ストレスとなります。そのため、直接これを進捗の目安には使わずに、先に挙げた他の2つの

3 作戦の準備…第2ステージの攻略

締切を設定する際の絶対基準として活用するのがよいでしょう。

> 📝 エ攻田各メモ
>
> ある締切が軽量級なのか、それとも中量級や重量級なのかは、人によって違います。たとえば、「教員との個人面談」の日程変更のプレッシャーは、教員との関係性や、研究室のルールや雰囲気で大きく違うでしょう。皆さん自身が「締切の重さ」を設定して使い分けることが大切です。

▌ 3.3.3 締切の使い分けで進捗を管理する

　これらの 3 種の締切の区別を踏まえて、進捗を管理する方法について見ていきましょう。まずは締切を時間軸上に配置します。これをデッドライン認識→仮デッドライン設定→ブースター設置→プチタスクの充実という 4 つの Step で行います（図 3-9）。これらの Step で、時間をさかのぼるようにして締切を設定していきます。

● Step 1「デッドライン認識」：
　責任上絶対に動かせない重量級の締切を把握します。目安としては、1 ～数か月後の時期で、絶対に守らないといけない、あるいは守りたい締切がないかをよく調べましょう。該当する締切が見当たらない場合は、もっとも責任の重い締切をデッドラインとすればよいでしょう。これがこのあとのスケジュール設計の基準になります。「この締切は守れないと絶対にまずいぞ、大変な事態になるぞ」という怖いデッドラインを認識しておくことは、のちのち大変な事態に陥らないためにも重要です。

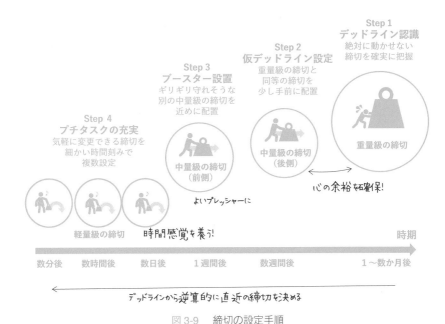

図 3-9 締切の設定手順

- Step 2「仮デッドライン設定」:

デッドラインから少し時間的余裕をもたせて、仮デッドラインを配置します。ポイントは、心の余裕が確保できる程度に前倒しの締切にすること、責任がより軽い中量級の締切にしておくこと、そして、この締切を厳守することを本気で目指すことです。厳守しようという気持ちがなければ、時間的余裕があっという間に消え、デッドラインを超えてしまいます。最悪の場合にだけ遅らせられる締切と考えましょう。

> 📝 攻略メモ
>
> 　重量級の締切が「重要な実験装置のレンタル期間終了」であれば、それと同等の中量級の締切は「その実験装置での実験データ取得完了と教員の承認」といったものになるでしょう。「必要なデータが全部とれたね。もう実験装置はなくても大丈夫だね」と教員が認めてくれていれば、デッドラインがきても安心ですね。どのくらい余裕をもたせるかは場合によりますが、1〜2週間程度確保できればよいでしょう。

作戦の準備……第2ステージの攻略

● Step 3「ブースター設置」:

頑張れば何とか間に合うかな、というギリギリ守れそうな中量級の締切を、比較的近い時期に設置します。これは、進捗のブースター、つまり、進捗を加速させる効果をもつ締切です。たとえば、1週間後あたりに、「取得が必要な実験データのリストを先生に確認してもらう」といった締切を設定するとよいでしょう。Step 2 で設置した締切も進捗を加速させる効果はありますが、時期が離れているほどブースターとしての効果は薄まるので、近い時期にも中量級の締切があるほうがよいのです。当面は、この締切を守れるように努力をすることになります。その結果無理だったら、少し後ろにずらしましょう。もし、そうなっても大事にはなりませんから、よいプレッシャーとして使えるはずです[6]。

● Step 4「プチタスクの充実」:

そのさらに手前に、気軽に変更できる軽量級の締切を、細かい時間刻みで複数設定します。これは、締切を守る小さい挑戦を繰り返して時間感覚を養う練習のために使います。数分先から数時間、あるいは数日先に配置します。たとえば、「10分後からリスト書き出しを始める」「今日の 17 時までにはリストに思いつくかぎり書き出す」「5日後に先輩にリストの確認を依頼する」のようなタスクです。守るのに失敗しても誰にも迷惑がかからないので、安心してたくさんの締切を設定できますよね。

ただし、設定しっぱなしでは意味がありません。時計を見る癖をつけて、実際にどれだけの時間がかかったかを把握することで初めて、「自分はこの作業にどのくらいの時間がかかるのか」という時間感覚が養われていくのです。この時間感覚が身につけば、Step 2 や Step 3 の締切をより上手に設定し、また効率よく守れるようになっていきます。

---

[6] 中量級の締切は2つ以上配置しても問題ありません。多く配置するほうがより多くのプレッシャーを得られるので、進捗は加速するでしょう。ただしその分、ストレスと締切管理のコストは増大します。

　図3-10は、ここまでで作成例として出してきた桃太郎の準備フローのメモに、3種類の締切を配置し、「準備のスケジュール」を作成した例です[7]。これで、当面のスケジュールが確定したことになるので、これを見ながら進捗を管理します。プチタスクをこなしながら、ブースターとして設置した締切を守ることを目指しましょう。プチタスクに手間どってブースターの締切が守れない場合は、締切を後ろ倒しに変更することになります。

　ここで注意すべきは、ブースターから仮デッドラインまでの期間に余裕が

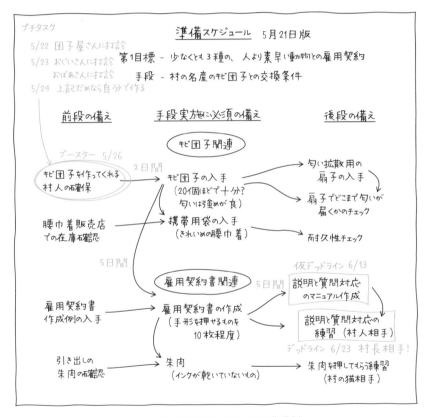

図3-10　準備スケジュールの作成例

---

[7]　5/22~24までの日付がプチタスクの充実のための軽量級の締切です。5/26がブースター効果を狙った中量級の締切、6/13が仮デッドラインとしての中量級の締切、6/23がデッドラインとなる重量級の締切です。

あるかどうかです。ブースターが後ろ倒しになるにつれて、仮デッドライン
を守るのは難しくなっていきます。そこで、仮デッドラインまでの矢印に、
それぞれの準備に必要な期間の見積もりを書き込み、余裕がどれほど残って
いるかを随時確認するようにしましょう（図3-10）。余裕が随分少ないよう
なら、どうにかして進捗スピードを上げないといけないので、教員や先輩に
相談するなどの対策を打ちましょう。

3.4　第2ステージのまとめ

　このステージでは、しっかり無駄なく準備を進めていくために、準備項目
の列挙、順序の決定、そして締切の設定、という3つのフェイズで段階的に
準備のスケジュールを確定させていく流れを解説しました（図3-11）。準備
のメモを拡充していく3つのフェイズをおさらいしておきましょう。

● フェイズ1：
　準備を3段階に分けて先読みし、なるべく漏れがないように準備項
　目リストのメモを作る

● フェイズ2：
　そこに依存関係を表す縦横の矢印を書き込んで準備フローのメモに
　格上げし、最上流と全体の流れを捉える

● フェイズ3：
　責任の重さの違う3種の締切を書き加えて準備スケジュールを作り、
　ブースターから仮デッドラインまでの時間的余裕に基づいて進捗の
　スピードを管理する

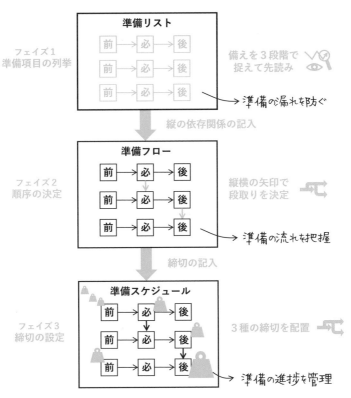

図 3-11 第2ステージ「作戦の準備」のまとめ

このように、細かい準備をメモとして書き出すのは手間がかかるので、な
るべく頭の中で準備の先読みと段取り、そして締切と進捗の管理ができるよ
うになるのが望ましいです。とはいえ、プロジェクトが大きくなるにしたがっ
てこれらは難しくなっていきますから、メモとしてしっかり書き出して管理
することを実践し、先読みや段取りのスキルを着実に高めていきましょう。
ある程度スキルが高まれば、最低限の締切をカレンダーに記載するだけで、
うまく進捗を管理できるようになっていくはずです。

chapter

4

作戦の実施 …第3ステージの攻略

　準備が整ってきたら、いよいよ作戦を実施します。作戦がうまく
いく保証はないため、必要に応じて行動計画を修正しなければいけ
ません。そのためにこのステージでは、**証拠の収集**とその**分析と推理**、
そして仲間への**協力の要請**という3つのフェイズで攻略を進めます。
このステージをうまく攻略し、足元が崩れないように確実に成果を
積み上げていくためには、**「真理追求」**と**「報告相談」**の2つのスキ
ルが必要になります。

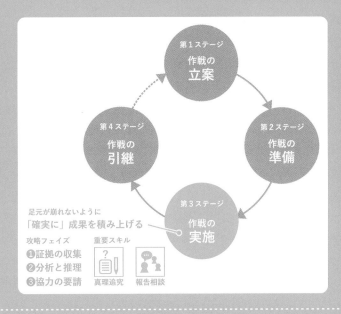

4.1 フェイズ1「証拠の収集」の攻略

　研究成果を積み上げていくには、成果の根拠となる証拠集めが重要です。証拠が集まらなければ、いくら斬新で興味深い考えを得たとしても、説得力がないからです。この節では、そもそも成果とは何かについて確認したうえで、成果の素となる証拠をうまく集めていく方法を紹介します。

4.1.1 仮説検証の積み重ねが研究成果になる

　研究で求められる成果とはなんでしょうか。最初に立てた作戦が完璧にうまくいくことでしょうか？　それとも、問題を完全に解決して課題を達成することでしょうか？

　もちろん、これらが実現すれば言うことはありません。しかしそれらはあくまで理想、言ってみれば「巨大な幻」であり、研究成果とは区別しておくべきです。研究は、未知への冒険です。作戦が実は的外れで目標が達成できなかった、あるいは問題を完全に解消したが課題が達成できなかったということはよくあるので、巨大な幻だけを追い求めるのは危険です。

　研究では、一攫千金の大きな成果を狙うのではなく、小さな成果をコツコツと積み重ねていくべきです（図 4-1）。進むべき道を見誤らないために、大きな成果を目指して進むことは必要ですが、実際に得られる見込みはきわめて薄いので、道中で得られる小さな成果をしっかりと集めて積み重ねて徐々に大きくしていくのです。1つ1つは小さいものの、集めるのは比較的やさしく、そして積み重ねるごとに大きくしていくことができるのですから、おいしい話ですね。

　この「小さな成果」を積み重ねていくためには、「研究成果とはいったい何か」をよく理解しておかないといけません。積み重ねるべき研究成果とは、「証拠に基づく、作戦における仮説（Hypothesis）の正誤判定」です。仮説

図 4-1　小さな成果の積み重ねが重要

が正しいのかそれとも誤っているのかという議題（Issue）に、誰もが納得できる形で何らかの答えを見いだせたら、正しかろうが誤っていようが、それが研究成果になるということです。仮説という用語はここで初めて出てきましたので、仮説とは何かということから確認していきましょう。

「仮説」とは、作戦を立案する際の「きっと〜なはずだ」という考えのことです。2章「作戦の立案」のフェイズ3「作戦の具体化」では、目標と手段を決めていきましたよね。このとき選んだ目標や手段は、問題やアプローチから自動的に決まるものではなく、いくつかありうる選択肢のなかから皆さんが「考えて」選び出したものだったはずです。このことは、「作戦選択の背後には、必ずその選択の前提となる何らかの考えがある」ことを意味します（図4-2）。この考えこそが「仮説」です。作戦の裏には仮説が必ずあるのです。

> 📝 攻略メモ
>
> 　図 4-2 は、「少なくとも3種の、人より素早い動物との雇用契約」という目標に対して、「村の名産のキビ団子との交換条件」という手段がうまくいくだろう、と考えて作戦を立てた例です。この作戦を立てたときには、「きっとこの手段で目標が達成できるはず」すなわち「きっとキビ団子との交換で雇用契約してくれるはず！」という考えがあったはずです。これが仮説です。

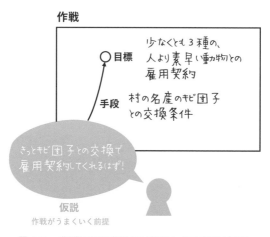

図 4-2　作戦選択の背後には前提となる仮説がある

　仮説が正しければ作戦はうまくいくはずですが、もしかすると間違っているかもしれません。とはいえ、この作戦を実施してみないことにはうまくいくかどうかを判断する根拠がないわけですから、とりあえずこの仮説は「仮に」正しいものとして作戦を実施してみよう、というわけです。

　仮説が正しいか、あるいはどれほど誤っていたかを証拠に基づいて判定することは、「仮説検証」とよばれます。仮説検証は、検証結果にかかわらず、研究の世界における確かな貢献です。仮説が正しかった場合でも誤っていた場合でも、教訓として活用できるからです。正しいとわかった仮説は以降安心して採用できます。一方で、間違っていた仮説は今後それを前提としないように気をつけることができます。このように、正しく検証された仮説は、皆さん自身だけでなく、その後の研究の役に立つのです。

4.1.2　仮説検証の流れ

　図 4-3 が仮説検証の流れです。左上の「仮説の整理」から始まって、「証拠の収集」「証拠の分析」「事実の推理」と、捜査官が真相を明らかにするように進めていきます。うまく推理までたどり着けたら、活用可能な研究成果が得られます。

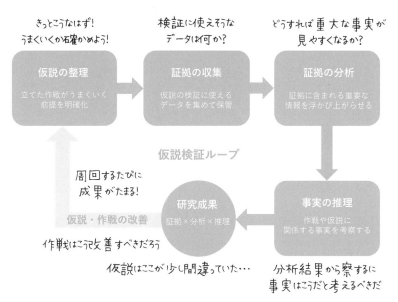

図 4-3　仮説検証ループ

● 仮説の整理：

　仮説検証は「仮説駆動」で進みます。すなわち、検証すべき仮説が先にあって、検証の流れが動き始めるということです。ですから、まずは仮説の整理を行います。ここでは、立てた作戦がうまくいく前提となる考えをリストアップして明確にしておきます。

● 証拠の収集：

　証拠というのは、集めたそのままのデータ、つまりいわゆる「生データ」のことです。数値の記録や、アンケートへの回答データ、あるいは記録音声や画像、動画などが該当します。「仮説の検証に使えそうなデータは何か」を考え、そのようなデータを集め、しっかり保管しておきます。

● 証拠の分析：

　集めた生データのなかには、重大な事実の片鱗が含まれているはずですが、些末ながら膨大なデータに散らばって埋もれていて、見え

づらくなってしまっています。そこで「どうすれば重大な事実が見えやすくなるか」を考えながら分析を行い、事実を浮かび上がらせます。

● 事実の推理：

分析結果に基づいて、作戦や仮説に関係する事実について考えを巡らせます。ここまでくると、「事実がこうなら、仮説はここが少し間違っていたようだ」といった具合に、証拠に基づく仮説の正誤の判断ができます。

　これが仮説検証のひととおりの流れです。仮説駆動で集めた証拠（生データ）に分析をかけ、そこから事実の推理を行うことによって研究成果が得られます。つまり、研究成果＝証拠×分析×推理であり、成果を得るためには証拠、分析、推理のいずれもが欠かせません。単に生データを集めただけでも、あるいはそれに分析をかけただけでも、成果を得たとは言えないのです。また、推理で成果を得るにも、十分な証拠や分析が必要です。

　仮説検証がひととおりできれば、当初の仮説や作戦をよりよいものに修正できます。そのうえで、再度仮説検証を始めることができます。このように、作戦がうまくいくまで仮説検証のループを繰り返せばいいのです。最終的に目標が達成できなかったとしても、このループを回した分だけ研究成果が溜まっているので安心です。対して、仮説検証をしっかりやらずにやみくもに目標に挑んでしまうと、目標が達成できなかった場合には何も成果がない、という悲惨なことになります。さんざん頑張ったはずなのに、卒論・修論に書く研究成果が何もないということにならないように、しっかり仮説検証のループを回しましょう。

■■■ 4.1.3 無意識の前提を見逃さない

さらに細かく見ていきましょう。仮説検証を進めるにあたり、とくに気を
つけなければいけない重要なことは、検証が必要な仮説を極力見逃さないこ
とです。検証されるべき仮説を見逃したまま作戦を進めると、あとから「そ
もそもこの前提は正しいの？」と研究全体に疑いが向けられてしまいかねま
せん。

検証が必要な仮説を漏れなくリストアップするのは、簡単なようでいて難
しく、論理思考の力が試されます。図 4-4 では、図 4-2 で紹介したのと同じ
目標と手段が選ばれています。ここでの仮説は「キビ団子との交換ですんな
り雇用契約してくれるはずだ」というものでした。しかし、よく考えると、
これ以外にも、作戦がうまくいくための前提が隠れていることに気づきます。
たとえば、少なくとも「村で本物のキビ団子が十分用意できるはず」あるい
は「森で素早い動物と出会うのは簡単なはず」という前提はあるはずです[1]。

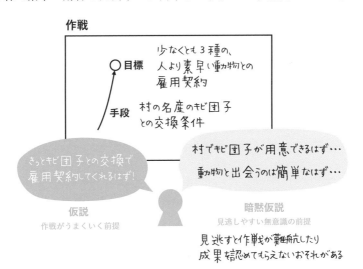

図 4-4 仮説の背後に隠れた暗黙仮説を見逃さない

---

[1] いくら森の動物が雇用契約を結ぶ気満々で待ち構えていたとしても、持って行ったキビ団子が
偽物であるか、あるいは動物となかなか会うことができなければ、作戦はうまくいきませんね。

このような無意識の前提、すなわち意識しやすい仮説の背後に隠れてしまっている前提のことを、暗黙仮説とよぶことにします。暗黙仮説は、言われてみると「そうだな」と思えるのですが、なかなか気づきにくいものです。見逃している暗黙仮説がある可能性を常に念頭におくことが大切です。

📝 攻略メモ

　一方、すべての暗黙仮説をあらかじめ見つけておこうというのも現実的ではありません。「すべて見つけきったぞ！」と思っても、別の暗黙仮説がある可能性はどこまでも残るからです。ある程度暗黙仮説を列挙できたら、仮説検証の次のステップに移りましょう。あとから「あ、これも大事な仮説だった！」というものが出てきたら、そのときにリストに加えればよいのです。

　図 4-5 は、仮説駆動で証拠を集めていくのに役立つ「仮説検証のための証拠収集ノート」です。黒字で記入例を示しています。このシートの使い方は以下の 3 ステップで行います。

● Step 1：

　目標と手段を左上の枠に書き込む。

● Step 2：

　手段がうまくいく前提となる仮説を整理して、その下の枠に「仮説と必要な証拠」を書き込む。図では、先ほどの例で挙げた仮説と暗黙仮説を合わせて 3 つ書き込んでいます。

● Step 3：

　右枠に「集めた証拠」を書き込んでいく（やり方は以降で説明）。

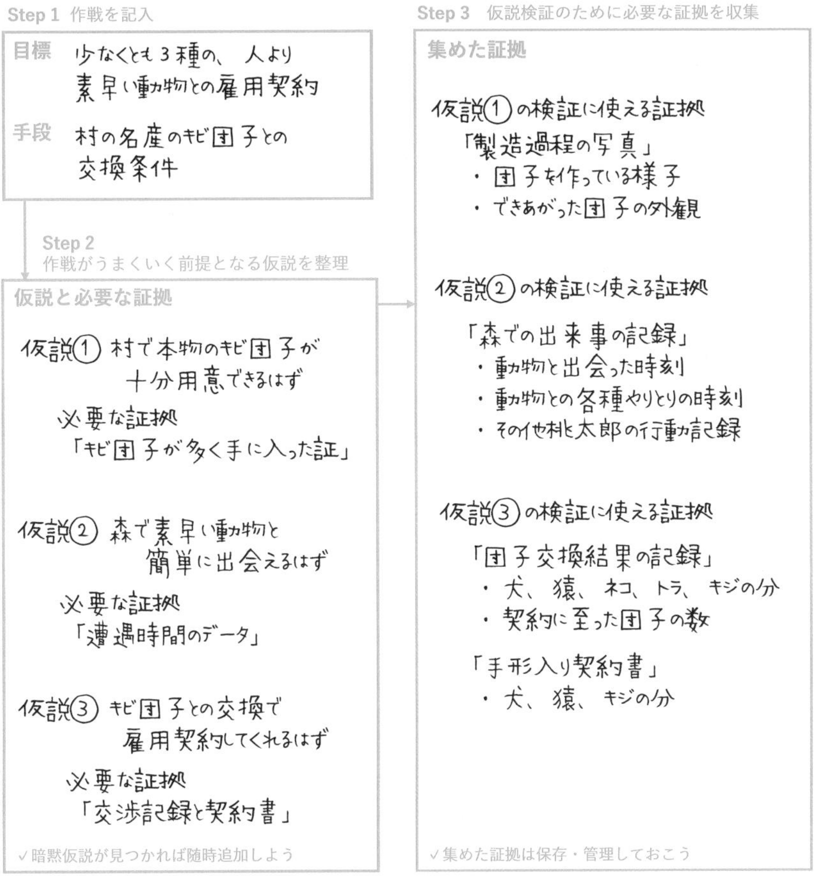

Step 1　作戦を記入

| 目標 | 少なくとも3種の、人より素早い動物との雇用契約 |
| 手段 | 村の名産のキビ団子との交換条件 |

Step 2
作戦がうまくいく前提となる仮説を整理

仮説と必要な証拠

仮説① 村で本物のキビ団子が
　　　　十分用意できるはず

　必要な証拠
　　「キビ団子が多く手に入った証」

仮説② 森で素早い動物と
　　　　簡単に出会えるはず

　必要な証拠
　　「遭遇時間のデータ」

仮説③ キビ団子との交換で
　　　　雇用契約してくれるはず

　必要な証拠
　　「交渉記録と契約書」

✓暗黙仮説が見つかれば随時追加しよう

Step 3　仮説検証のために必要な証拠を収集

集めた証拠

仮説①の検証に使える証拠
　「製造過程の写真」
　・団子を作っている様子
　・できあがった団子の外観

仮説②の検証に使える証拠

　「森での出来事の記録」
　・動物と出会った時刻
　・動物との各種やりとりの時刻
　・そのほか桃太郎の行動記録

仮説③の検証に使える証拠

　「団子交換結果の記録」
　・犬、猿、ネコ、トラ、キジの分
　・契約に至った団子の数

　「手形入り契約書」
　・犬、猿、キジの分

✓集めた証拠は保存・管理しておこう

図 4-5　証拠収集ノートの記入例★

◤ **4.1.4** 生データを集める

　仮説がある程度リストアップできたら、証拠の収集を始めます。証拠というのは、観測・計測装置で記録したデータ、アンケートで集めた回答、収集した資料といった生データのことでした。生データを集める際の注意点は主に3つです。狙い撃ちで丁寧に集め、そしてきちんと保管しておくことです。

1. 生データは狙い撃ちで集める：

   まず、リストアップした仮説の検証に必要なデータは何かを絞り込んだうえで、それを優先的に集めていきましょう。事件の真相解明にあたる捜査官も、事件現場にあるものをすべて集めて回るわけではないですよね。そんなことをしていたら時間も手間も膨大にかかります。まずは事件の真相についての仮説を立て、その判定に必要なものに絞って証拠を探しているはずです。研究でも、いち早く最初の成果を得て、立てた作戦の良し悪しを評価して改善していかないといけませんから、他のデータをとる作業に時間を使うのは基本的には避けるべきです[2]。

2. 生データは丁寧に集める：

   事実が歪められてしまわないようなデータ収集方法を採用しましょう。捜査官が証拠の品を見つけたとき、壊したり汚したりしないように、手袋やピンセットを使って慎重に収集しますよね。間違っても、汚れた手や掃除機で乱暴に集めたりなどしないはずです。証拠に含まれている、直接は見えない事実やその片鱗は、非常にもろく、失われるともとには戻せないのです。研究でのデータ収集でも同じです。データの集め方によっては、データが本来保持しているはずの事実が歪められてしまう可能性があるのです。本格的にデータを集める前に、その収集方法が妥当かどうか確認しておきましょう。

---

[2] ただし、「いま集めておかないと、あとで集めるのはかなり難しい」といった貴重なデータや、「ほとんど手間もかからずついでに集めてしまえる」ような気軽なデータは、念のため集めておくのも悪くはありません。当面の作戦実施に使える時間の余裕との兼ね合いで、集めるかどうかを決めましょう。

📝 **攻略メモ**

　計測装置がいつも正しく動作するとは限りません。正確にデータが記録できるように校正をかけておく必要があります。あるいは、アンケート調査を行う場合には、質問の文面が、意図した質問として回答者に正しく理解してもらえるかを確かめておくべきです。実験に使う試料の容器を移し換えたりするときには、その移し換えの途中で不純物が混ざったり変質してしまったりしないかを事前に確かめておかないといけません。研究室ごとに長年洗練されてきた適切なデータ収集方法があるはずですから、先輩や先生にしっかり確認しておきましょう。

3. データはきちんと保管する：

集めたデータは、なくなったり他と混ざったりしないようにきちんと管理しておきましょう。集めた証拠品にはきちんとラベルをつけて管理しておかないと、あとで証拠として使えなくなってしまいます。集めたデータには、それがいつどんな状況や設定で集められた何のデータなのか、という属性情報を添えておきましょう。皆さんの卒業後に誰かがデータを使いたいという場合も多々ありますから、「あとから」「誰が見ても」わかるようにしておくことが大切です。

📝 **攻略メモ**

　たとえば電子データなら、属性情報を含めたファイル名（年月日 _ 時刻 _ 内容 _ 設定値.csv など）にしておいてもよいですし、ファイル名が長くなって見づらいようなら、データファイル名と属性情報を併記したメモファイル（readme.txt など）を別に作成して、データファイルと同じフォルダに入れておくというやり方もよいでしょう。アンケート用紙には1枚ごとに通し番号を付けたうえで、属性情報を書いた紙のメモを合わせて箱に収めておくなどするのがよいですね。データの保存方法についても、分野や研究室ごとにルールが決められているはずですから、先輩や教員に教えてもらっておきましょう。

　図4-5の証拠収集ノートの左下の欄には、先ほど記入した3つの仮説それぞれに対応する「必要な証拠」が書き込まれています。これは、どんな証拠を狙い撃ちするかを考えて記入されたものです。仮説と必要な証拠の関係を

この例で確認しておいてください。この枠の内容を踏まえて集めた証拠は、随時右の「集めた証拠」の欄に書き加えていきましょう。こうすれば、必要な証拠がどのくらい集まったか、他に集めないといけない証拠は何なのかを確認しやすくなります。このようなノートに整理しながら進めることで、漏れなく、効率的に証拠を集められるはずです。

4.2 フェイズ2「分析と推理」の攻略

生データが収集できたら、「証拠の分析」と「事実の推理」を行います。ここでは、「結果」と「考察」という、論文を書くうえで重要な素材が得られます。これらの意味に注意しながら、結果と考察を得ていく方法を確認していきましょう。

4.2.1 分析と推理の流れ

分析と推理は、それぞれ2つのステップで構成されます（図4-6）。分析では、生データに対して「分割抽出」と「特徴可視化」を実施します。

● 分割抽出：

生データのなかには、そのごく一部に重要な事実の片鱗が埋もれています。そこで、その片鱗を見やすくするために、まずは仮説の検証に関連しそうな部分を「抽出データ」として抜き出します。

● 特徴可視化：

重要な事実を探るうえで重要な特徴が目立つようにデータを変換して表示します。こうして可視化されたものが「結果」です。

続いて行う事実の推理も2つのステップで構成されます。ここでは、可視化した結果の「観察」と、それに基づく「考察」を行います。

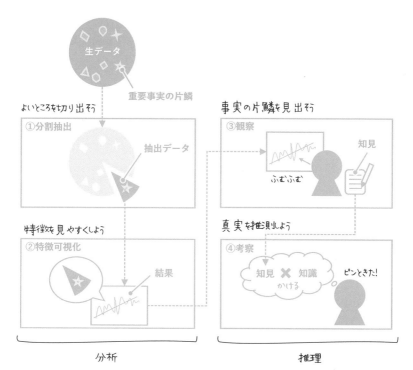

図 4-6　分析（左）と推理（右）はそれぞれ2段階で実施

● 観察：

結果は生データに比べればずいぶん見やすいはずですが、それでも
事実そのものははっきり見えません。よく観察して、背後の事実を
推察するためのヒントをできるだけ多く見出すことが大切です。結
果を見て知った事実の片鱗は「知見」とよばれます。

● 考察：

観察で得られた知見と、研究の知識を組みあわせて、結果に表れて
いる以上のことを推し量るのが考察です。つまり、知見×知識＝考察、
ということです[3]。

---

[3]　ちなみに、知見に「感情」を組み合わせて得られるものは「感想」です。感想と考察もしっか
り区別しておきましょう。

「結果（知見）」と「考察」の違いを理解しておくことはとても重要です。これらはよく混同されますが、まったく違うものです。学生さんの研究発表を見ていても、結果や知見を紹介すべきところで考察を述べていたり、考察を聞かれているのに単に結果だけを説明してしまったりして、質問者と話がかみ合わない様子を多々目にします。

4.2.2 「分割抽出」と「特徴可視化」で丁寧に分析

「証拠の分析」の方法を詳しく見ていきましょう（図 4-7）。ここで重要なのは、分割抽出（どこを見るか）と特徴可視化（どう見るか）の方法の組み合わせ方は無数にあり、どの組み合わせを選ぶかによって得られる結果は異なるということです。結果が違えば、見えやすいもの、また見えにくいものが変わりますから、適切な組み合わせを皆さん自身で選ぶ必要があります。

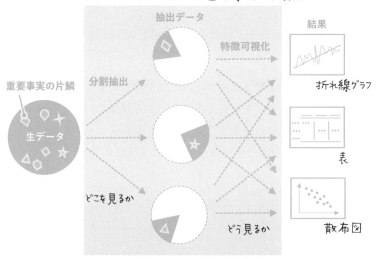

図 4-7　分割抽出と特徴可視化の組み合わせで得られる結果は変わる

分割抽出では、

- 重要でないデータ区間を切り落とす

- ノイズのような細かい変動を取り除くため、代表値（平均値、中央値、最頻値など）としてまとめる

- 何らかの基準に当てはまるものだけ取り出す

といった処理を行います。この処理で得られたデータが「抽出データ」です。生データになかったものを加えない、というのがポイントです。果物の皮をむいて、絞りだした果汁から水分を蒸発させ、まじりっけなしの濃縮果汁を得るようなイメージです。余計なものが分析の途中で混ざると、得られた結果が事実を反映しているのか、それとも混入物に由来するのかが判断できなくなってしまいます[4]。

　特徴可視化では、抽出データから図表を作成します。データを図にすることで、全体的なパターンや異常、あるいはデータ間の関係性や差異を視覚的に把握しやすくなります。数値データの場合、数値の軸を基準としてデータをグラフにすることで、定量的な関係を把握しやすくすることができます。何らかの分類に基づいてデータを区分けして縦横に並べた「表」も用いられます。表はデータの構成や内訳を細かく確認するのに向いています。図表には色々な種類があり、それぞれ利点と欠点をもちます[5]。

　このように、不純物を混ぜずに重要事実を見つけやすくするのが分析です。捜査官が証拠品に対して丁寧に鑑定をかけるようなイメージです。推理のために慎重に証拠品のホコリを払って一部を分解し（分割抽出）、さらに犯人の指紋や事件時についた傷がはっきり見えるように光の種類や向きを変える（特徴可視化）ことで、重要な事実の片鱗を見逃さないようにするわけです。

---

[4] 仮説の正誤の判定を大きく変えてしまうような混入物の場合、捏造や改ざんなどの不正行為とみなされてしまいます。意図しない混入にも気をつけましょう。

[5] よく使われる図表や、それらの利点と欠点については色々な書籍や Web サイトで紹介されていますから、ぜひ調べてみてください。

▶ **4.2.3** 分析方針も仮説駆動で決める

　分析方法をどう決めるのがよいでしょうか。すべての分析を片っ端から実施する時間はありません。ポイントは、仮説駆動で分析をすることです（図4-8）。生データを見ながら「さて、この膨大なデータをどうやって分析しよう…」と考えるのではなく、「仮説がこうなんだから、この生データはこう分析するのが最善だ」という考えで決めよう、ということです[6]。

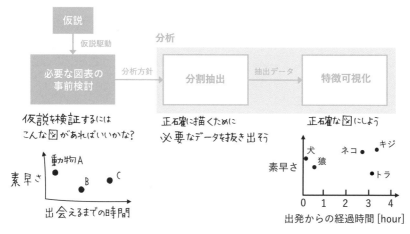

図 4-8　分析の前に得たい図表を決めておく

　分析を実施する前に、「どんな図表があれば仮説の正誤が判定できそうか」と考えてみましょう。この検討のためには、仮の図表としてラフスケッチを描くのがよいでしょう。データの値が実際とは異なっていることは気にせずに、「どんな図表にどんなデータがプロットされていれば仮説の正誤が議論できそうかな」と考えながら、手で図表を描けば十分です。

　よさそうな図表のラフスケッチが描けたら、あとはそれを正確な図表に差し替えることを目指して淡々と分析を進めるだけです。「生データからどの

---

[6]　この順序はあくまで仮説検証の流れで分析する場合のものです。検証すべき仮説はないものの、とにかく生データはある、という場合には、生データを眺めて何らかの仮説を用意するところから始めます。

データを抜き出せばこの図表が描けるか」を考えて、生データに対して分割抽出するのです。そうして得られたデータを使って、ラフスケッチを正確な図表に置き直します。ここまでできれば、仮説の正誤を議論できるようになります。

> 📝 攻略メモ
>
> 　図表をきれいに描くためのテクニックの解説は他の書籍やWebサイトに譲りますが、**大切なのは、「どんな図表があればよいのか」をまず考えてラフスケッチを描くということです。**いくら図表をきれいに描けたところで、仮説の正誤判断に役に立たないものは使いどころがありません。描き出すべき図表を思い浮かべ、データを選び出して図表にしてみる、ということをなるべく手早くできるようになることを目指しましょう。これができて始めて、図表をきれいに描くテクニックも活かされます。図表には色々なものがありますから、どんな図表がどんなことを読み取るのに効果的なのかについて、時間を見つけて調べて知識を増やしておきましょう。

4.2.4　知見×知識で考察を得る

　さて、ここからいよいよ最も捜査官らしい内容に入っていきます。分析した結果に基づく「事実の推理」です。推理というのは、分析した結果の観察によって知見を得て考察する、というものでしたね。考察が研究成果になっていくわけですから、よりよく行いたいところです。

　よりよい考察を得るために大切なことは2つあります。「多くの知見を得る」ことと、「知見に対してうまく知識を掛け合わせる」ことです。「知見×知識＝考察」という式をイメージしましょう。知見がなければ、いくら知識があっても考察は得られませんし、またいくら知見があったとしても、うまく知識を掛け合わせなければ考察は得られません。

　まず、「多くの知見を得る」ためにはどうすればいいでしょうか。知見というのは、文字どおり「見て知ったこと」です。同じ結果を見ても、そこからどれだけ知ることができるかは人によって違います。図 4-9 では2人の研

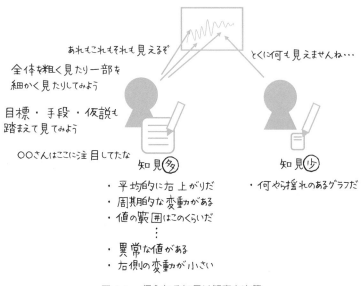

あれもこれもそれも見えるぞ

全体を粗く見たり一部を
細かく見たりしてみよう

目標・手段・仮説も
踏まえて見てみよう

〇〇さんはここに注目してたな

とくに何も見えませんね…

知見多

・平均的に右上がりだ
・周期的な変動がある
・値の範囲はこのくらいだ
　　　　⋮
・異常な値がある
・右側の変動が小さい

知見少

・何やら揺れのあるグラフだ

図 4-9　得られる知見は観察力次第

究者が同じグラフを観察していますが、左の研究者はすぐれた観察眼をもっており、多くの知見を得ているのに対して、右の研究者は、単に変動のあるグラフだという程度にしか見えていないようです。目指すべきは、前者のようにすぐれた観察眼で多くの知見を得ることです。

　多くの知見を得るための方法を 3 つ紹介します。

1.　視野を切り替える：

　グラフ全体を粗く見たり、一部を細かく見たりしてみましょう。全体を見るときには、分布の形や配置がおおよそどうなっているかといった大まかな傾向を把握します。図の例では、平均的に右上がりだ、とか、周期的な変動がある、あるいは値の範囲はこのくらいだ、ということが確認できます。また、一部を細かく見るときには、他の部分と違うところや同じところを確認していきます。図の例では「異常な値がある」とか「グラフ右側の変動が小さい」といったことが確認できます。

2. 目標・手段・仮説も踏まえて見る：

結果の図表は、仮説駆動でデータ収集と分析を進めて得たものであり、また、その仮説は目標と手段を選ぶ前提となるものでした。よって必然的に、図表には目標・手段・仮説と関連した事実が埋もれているはずです。目標・手段・仮説がどのようなものかをしっかり認識して、関連する事実を探してみましょう。

3. 他の人の観察眼をまねる：

似たような図表に対して「〜さんはここに注目してこんな知見を得ていたな」と思い出して、それをやってみましょう。この方法を実施するには、常日頃から論文を読んだり研究発表を聞いたりする際に、「こんな図表はこう見れば知見が得られるのだな」と注意して、他の人のうまい知見の得方を把握しておくことが必要です。

知見が得られたら、知識を掛け合わせていきます。知識というのは、皆さんがこれまでの人生で集めてきた知見の蓄積です。先行研究を読んで得た文献知識だけでなく、学校生活で得た学問知識、あるいは日常生活で得た体験知識も含みます。こうした知識が豊富であるほど、1つの知見に対して多くの考察を得ることができます。分野を問わず、また学問知識や体験知識の別なく、幅広く知識を蓄積しておくと間違いなく有利です。

ただし、知識が豊富になるほど、「どの知識を掛け合わせるべきか」という悩ましい問題も生じます。そこで、得たい考察からの逆算で絞り込むという方法が大切になってきます（図 4-10）。先ほど、「知見×知識＝考察」という式を紹介しました。やりがちなのは、図の上側の式のように、「何とかよい考察を得られないかな？」とやみくもに考えるやり方です。実は、これはよくありません。組み合わせる知識が膨大なので、役立つ考察になかなか出会えず、非効率なのです。

そこで、計算の順を変えてみましょう。図の下側の式のように、ある知見からどんな考察を得たいかを先に決めておき、「この知見からこの考察を導くのに必要な知識はあるかな？」と考えるのです。こうすれば、方針をもっ

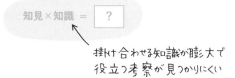

図 4-10　得たい考察を先に決めると効率的に考察できる

て知識を絞り込んで探すことができるので、早く考察を終えられます。ここ
で得たいのは、「作戦（目標と手段）や仮説の改善に使える考察」です。た
とえば、作戦の改善に使える考察としては、「どれほどうまくいったのか」「何
か発見はあったか」「よりよい作戦はどうあるべきか」といったものがあり
ます。また、仮説についての考察としては、「仮説はどの程度正しかったか」
「なぜ仮説は正しくなかったのか」「仮説をどう改善すべきか」などがありま
す。

　ここで、上記で説明してきたような推理をうまく進めていくためのツール
を紹介します。図 4-11 の「仮説検証のための推理ノート」です。これは、
以下の順で埋めていきます。

1. 推理の準備として、「作戦（目標と手段）」と「検証したい仮説」を
　 記入。

2. データ収集と分析で得られた「結果の図表」を記載。ここから推理
　 が始まります。

3. 結果の左の枠に「作戦に関する知見」を、右の枠には「仮説に関す
　 る知見」を書き出す。このように分けて考えることで、知見を見つ
　 けやすくなります。これらの枠に描き出した知見は考察を得るとき

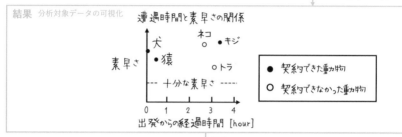

<table>
<tr><td>

目標 少なくとも3種の、
人より素早い動物との雇用契約
手段 村の名産のキビ団子との交換条件

</td><td>

検証したい仮説
仮説② 森で素早い動物と
簡単に出会えるはず

</td></tr>
</table>

データ収集と分析

結果 分析対象データの可視化

遭遇時間と素早さの関係

素早さ

犬　　ネコ○　●キジ
●猿
--- 十分な素早さ ---　　○トラ

● 契約できた動物
○ 契約できなかった動物

出発からの経過時間 [hour]
0　1　2　3　4

観察

知見 目標・手法に関する事実の観察　　　　　仮説に関する事実の観察

A. 4時間以内に犬猿キジの3種
　と契約できた

B. ネコとトラとは雇用契約
　できなかった

✓結果だけから断定できることを挙げよう

Ⅰ. 十分素早い5匹の動物と4時間で出会えた

Ⅱ. 動物に出会えない時間帯があった

Ⅲ. 素早さ不足の動物とは出会わなかった

Ⅳ. 犬とは開始直後に出会えた

知見×知識

考察 作戦・仮説の改善に役立つ事実の推測

知見A × 「次の鬼襲来予想は2日後」
→ 時間の猶予がないので最低限の3種で
目標達成とする

知見B × 「ネコ科動物は慎重で賢い」
→ 契約という形に慎重になっているのかもしれ
ない。どうしてもネコとトラが必要なら、「雇
用契約」は口約束でもOKにしたほうが
よいかも。

✓得たい考察から逆算で知識を選び出そう

知見Ⅰ × 「以前の散歩でもこのくらいの
頻度で出会えた」
→ この森では1時間あたり平均1匹と出会
えるようだ。仮説の「簡単に」は「1時
間あたり平均1匹」に具体化できそう。

知見Ⅳ × 「犬は鼻が利く」
→ 団子の匂いをかぎつけたのかもしれない。
これ以上ないくらい早く出会えたので、犬
に対する手法改善は不要だろう。

図 4-11　仮説検証のための推理ノートの記入例[*]

作戦の実施…第3ステージの攻略

に使いますから、A，B，CあるいはⅠ，Ⅱ，Ⅲのような記号を振っておくとよいでしょう。

4. ノートの最下部の枠に「考察」を書き込む。各知見にどんな知識を掛け合わせれば役立つ考察が得られたかを書き出していきましょう。この「考察」の枠に、研究成果が集まってくることになります。ここが埋まるほど、多く研究成果が得られたということを意味します。

図の記入例を見ながら、理解を深めてください。

4.3　フェイズ3「協力の要請」の攻略

　結果や考察が得られるほどに作戦が進んでくると、考えに悩み、判断に困る場面も増えてきます。そんなときに役立つのがミーティングです。ミーティングは、仲間の協力を得られるチャンスです。ただし、そのチャンスを活かせるかどうかは、皆さんの「報告相談」スキル次第です。

▶ 4.3.1　明確な要請なしには協力を得られない

　ここまで、成果を得るまでの流れを説明してきました。作戦の立案や準備も含めて、色々なことを考え、調べ、選び、試すことを繰り返す必要があることをわかってもらえたと思います。考えが抜けていたり、知識が足りなかったり、あるいは選択を誤ったりしてしまうと、研究がうまく進まないので、気が抜けません。これをひとりでやり抜こうとするのは非常に大変です。

　そんなわけで、研究室には少しでも個々人の大変さを軽減し、研究の効率を高めるための機会が用意されています。それが、進捗を発表しあうミーティングです。ミーティングには色々な形態なものがありますが、複数の頭で考

え、知識を補い合い、選択の判断の是非を議論しあうという目的は同じです。

　ミーティングとは「協力を得る場」であり、この機会をどのくらい有効に活用できるかで、研究成果を得る効率が大きく変わります。研究の世界で要求されるのは、「ひとりでどれだけ努力をしたか」ではなく、「どれだけの研究成果を得られたか」ということですから、誰の協力も得ずにひとりで苦労して少ない成果を得るよりも、周りの協力をうまく得ながら効率的に多くの成果を得られるほうが望ましいのです[7]。

　ただし、周りの協力を得て研究をうまく進めるということは、決して簡単ではありません。場合によっては、ひとりでやるよりも大変です。意見が食い違って、議論が一向に収束せず、気苦労ばかり増えてなかなか進まない、ということだってありえます。ですから、周りの協力を得ていくためのスキルが必要なのです。

　協力を得るための最初の一歩は「協力の要請」です。協力してほしいことがある、とはっきり周囲に願い出ましょう、ということです。ミーティングの中で単に一方的に進捗を述べるだけでは、聞いているほうは単に「そうなのか」としか思えなかったり、色々アドバイスが思い浮かんだとしても意見しづらかったりします（図4-12左）。そうして沈黙ばかり続くミーティングは参加者全員にとってつらく、やる意味を感じられないでしょう。

　それに対して、具体的に協力を要請すれば、話題が明確になり、参加者も意見を述べやすくなります。発表している側としては具体的なアドバイスをもらえるので嬉しいですし、参加者も力になれて嬉しい、という状況になります。これこそがミーティング本来の価値が発揮された状況です（図右）。

[7] もちろん、ひとりでやるほうが成果が出るのであればあえて協力を得る必要はないですが、わざわざ研究室に配属されて研究を行う以上は、協力を得て進める練習をするほうがよいでしょう。

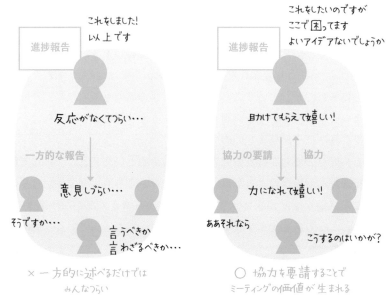

図 4-12　ミーティングでは「協力の要請」が重要

📝 **攻田各メモ**

　自分の研究なのに助けを求めるのは相手に悪いな、と遠慮する必要はありません[8]。むしろ、ミーティングに参加している側にしてみれば、協力を求められないと「頼りにされていないのかな」と心配になってしまうのです。それだけでなく、先生や先輩は、研究が思いどおりには進まないことや、細かいところで苦労することを体験としてよく知っていますから、「これをしました。以上です」のような一方的な報告があったとしても、「どこかで困っているはずだから協力したいんだけど、言われないことにはわからないな…」とむずむずしてしまうのです。

---

[8]　もちろん、参加者に丸投げというのはやめましょう。あくまで自分で実施したり考えたりするのが原則で、その補助としての協力をお願いするべきです。

4.3.2 うまく協力を得るには認識の共有から

　遠慮をせずに協力を要請すべきとはいっても、単に「困っているから助けてください」と言うだけでは、「うまく」助けてもらえません。色々意見をもらったとしても、その意見に納得できなかったり、人によって意見がばらばらでどれを採用してよいかわからなかったり、困ってしまうことがあるのです。

　よい意見をもらうためには、うまい協力の要請の仕方が必要です（図4-13）。大事なのは、「世界観」「作戦」「論点」の3つの認識を、発表者とミーティング参加者の間で必ず共有することです。「世界観」というのは、現状から理想までの間にどんな課題を設定し、そこに至るまでにどんな問題が立ちふさがっているかを俯瞰できる「地図」のことでした。「作戦」は、その問題を乗り越えて課題を達成するための道筋（アプローチ）と、その上での

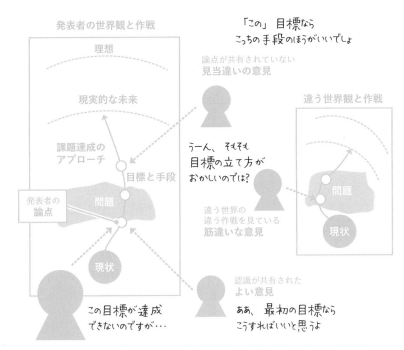

図4-13　よい意見をもらうには「世界観・作戦・論点」の共有が必須

目標と手段の組み合わせのことでした。「論点」という言葉は初めて出てき
ましたが、この地図の中で議論しようとしている点、つまり「どこで何の話
題を議論したいのか」を指します。

　1枚の地図の前で作戦会議をする状況をイメージしてみましょう。たとえ
ば、第1目標の位置を指で示しながら「この目標が達成できないのですが」
と協力を要請すれば、「ああ、最初の目標ならこうすればいいと思うよ」といっ
た意見をもらえそうです。ここで、指で示すことをしないと、目標を誤解さ
れてしまって、「第3目標ならこっちの手法のほうがいいでしょ」などと見
当違いの意見が出てきてしまいます。これは、世界観と作戦は共有されてい
るものの、論点は共有されていない状況です。世界観＝地図すら共有してい
ない場合はより悲惨です。互いに違う世界の違う作戦を見ているので、とん
でもなく筋違いな意見が出てきてしまいます。

　やっかいなのは、この作戦が描かれた地図も論点も、はっきりしたものとし
て目の前に置かれているわけではないので、それぞれが勝手に違うものを見て
いても、そのことになかなか気づけないということです。共有できていないの
に、それに気が付かずに議論をしてしまうと、「議論が噛み合わない」という
不毛な状況になってしまいます。これでは時間がもったいないですよね。

　そんなわけで、協力を要請する前には、参加者全員の間で「世界観」「作戦」
「論点」が共有されている状況にしておかないといけないのです。そして、
これができるのは、唯一、発表者である皆さん自身です。私のもっている世
界観はこうですよ、現状の作戦はこうですよ、そして、論点はこれですよ、
と明確に発表して、参加者全員が同じものを見るように仕向けないといけな
いのです。世界観と作戦、そして論点の設定と共有は、発表者に許された権
利でもあり責務でもあります。自分が協力を得たいところに論点を設定でき
ますが、それをうまく共有できないと参加者に不毛な時間を過ごさせてしま
いますから、それを避けるように発表を工夫しないといけません。協力を得
ることの最大の難しさはここにあります。

◤ **4.3.3 進捗発表は4項目構成**

　協力を得るための具体的な方法について見ていきましょう。進捗発表は、
①場面の共有 ②体験の報告 ③所感の表明 ④協力の相談 の4項目からなりま
す（図4-14）。簡単に言えば、それぞれ「①いまどんなところにいて」「②
そこで何が起こって」「③それをどう捉えていて」「④何をお願いしたいのか」
を発表することに相当します。世界観と作戦の認識は①で共有します。論点
は、②〜③で段階的に共有していきます。

① 　場面の共有（いまどんなところにいるか）：
　　まずは第2章で定めてきた世界観と作戦をなるべく簡潔に説明しま
　　しょう。最低限説明すべきは、「課題と問題」と「当面の目標と手段」、
　　つまり何を達成するうえで何が妨げになっていて、いまはどんな目

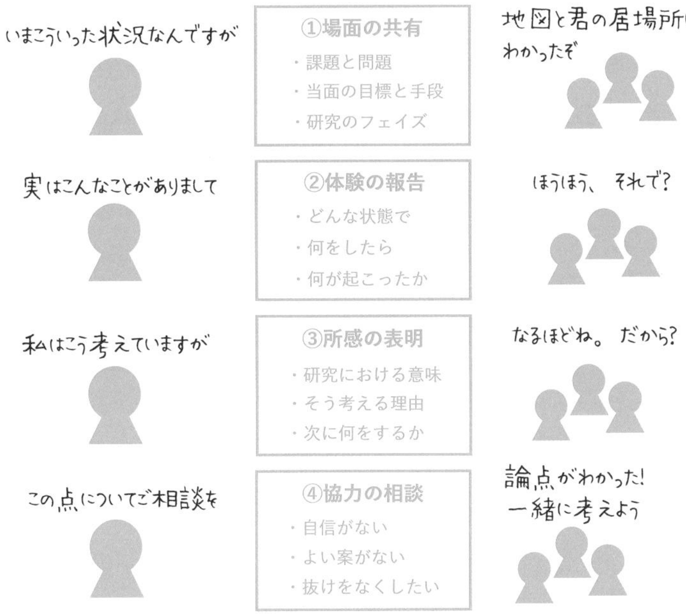

図4-14　進捗発表の流れ

標をどんなやり方で達成しようとしているのかです[9]。そのうえで、現時点での研究のステージとフェイズを紹介しましょう。すなわち、まだ作戦を決めかねて踏み出せずにいるのか、準備を進めている最中なのか、それとも作戦を実施して一部結果が得られたのか、あるいは目標が完全に達成されたのかを説明します。これにより、ミーティングの参加者に皆さんの置かれている状況を理解してもらえます[10]。

②　体験の報告（何が起こっているか）：

文字どおり、皆さんが研究を進めるなかで体験した事実を報告します。すべてのことを報告すると時間が膨大にかかりますから、このあとの「③所感の表明」と「④協力の相談」で扱うものを優先して報告するのがよいでしょう。大切なのは、「どんな状態で」「何をしたら」「何が起きたか」のワンセットで体験を報告することです。「何が起こったか」だけの報告だけだと、皆さんの体験を間違って想像されてしまうおそれがありますから気をつけましょう。

③　所感の表明（どう捉えているか）：

ここでは、報告した体験について、文字どおり皆さん自身が感じているところについて述べます。嬉しかった、あるいは残念だった、などの単なる個人的な感想ではなく、研究においてその体験がもつ意味と、そう考える理由、そして、それを踏まえて次に何をするつもりか、という3点を述べることが大切です。

[9]　ミーティングの参加者が皆さんの作戦をほとんど知らない場合には、理想や現状、あるいはアプローチや先に見据えている目標も含めて紹介するのがよいでしょう。

[10]　ステージとフェイズは本書独特の表現と分類ですので、「いまは第2ステージのフェイズ3です」と説明しても通じないことに注意してください。

📝✎攻略メモ

　具体的には、「～なので、これは作戦がうまくいっている証だと捉えています。なので、作業スピードを速めていきます」あるいは「非常にまずい事態になる予兆だと考えています。なぜなら～だからです。心配なので、～を確認してみます」といった表現がありえます。理由を添える必要がありますが、考察ほどしっかりした理屈は必須ではありません。「確信はないのですが、～なので、感覚としてはうまくいっているように思います」といったくらいの所感でも大丈夫です。皆さんの所感をはっきり伝えることによって参加者は意見を出しやすくなりますから、自信のない内容であってもなんらかの所感を表明するようにしましょう。

④　協力の相談（何をお願いしたいのか）：

最後にいよいよ協力を要請します。まずは報告した体験と、表明した所感に関して、どんな相談があるのかをはっきりさせましょう。自信がない、よい案がない、考えの抜けをなくしたい、というのが主なものだと思います。それがはっきりすれば、具体的な協力を要請できますよね。たとえば、自信がないのなら、「これでかまわないか確認させてください」と言えばよいですし、よい案がないなら、「なにかアイデアや心当たりはないでしょうか」と尋ねればよいですよね。とにかく研究では考えること、調べること、選ぶこと、試すことが多いので、協力を得るべきことは山ほどあります。所感を表明したうえで協力の相談をすれば丸投げにはなりませんから、安心して協力をお願いしてみましょう。

　上記のような進捗報告を「与えられた時間内に」うまく実施するためには2つポイントがあります。まず1つは、与えられた時間から各項目に使える時間を逆算で見積もってから説明する量を決める、ということです。基本的には、①と④にどれだけ時間が必要かを先に考えて、残りの時間を②と③で分けるというのがよいでしょう。たとえば、発表の持ち時間が30分だったら、「今回は初めて研究を紹介するメンバーもいるから、①は丁寧に説明するために10分とっておこう。それと、相談に時間を多くとりたいから④に10分

使うことにしよう。そうすると、②と③のそれぞれに使える時間は5分だな。5分なら、これとあれの2つの体験の報告をすることにしよう」といった具合です。最初はなかなか時間どおりにはいかないはずですが、このように時間を見積もって準備して、実際に発表してどれだけ時間がかかったかを毎回確認することで、だんだん時間感覚が身についてくるはずです。

　もう1つのポイントは、発表の冒頭で、4項目のうち最も時間を割り当てたいのはどこかを先に予告しておくことです。もし、協力の相談は絶対にしたいのであれば、「今回の発表では、最後に皆さんに相談をさせていただきたいので、そこに時間が使えるように進めたいと思います」だとか、あるいはどうしても伝えたい体験があるのなら、「とても興味深いことが起こりましたので、今回はそれを重点的に発表したいと思います」などのように言っておくとよいでしょう。そうすれば、本当は④に時間を使いたかったのに、それまでの話で質問が飛び交って時間がなくなってしまった、ということをある程度防げます。

4.3.4 相手の発言の背後から学びを得る

　ミーティングで進捗発表をするとき、参加した人から何も質問や意見が出ないのと、多く出てくるのとではどちらが嬉しいですか？　皆さんのなかには、一刻でも早く発表を終えたいし、質問に答えられるか不安だから質問はこないほうがよい、と思う人も少なくないと思います。しかし、ミーティングは「作戦の実施に対する協力を得る場である」という話を思い出してください。何も質問や意見がでないのは、何も協力を得られないのと同じことです。研究をより上手に攻略していくには、協力を得ることが大切であり、そのためには進捗発表で質問や意見をもらわないといけないのです。

　ミーティングで何か発言をもらえるというのは、皆さんにとってのボーナスです。このボーナスを得ることで、皆さんの研究はより円滑に進む可能性が高まります。さらに、それだけでなく、皆さん自身にとっても大きな学びを得るチャンスでもあるのです。研究室で研究をしているのに、もらわない

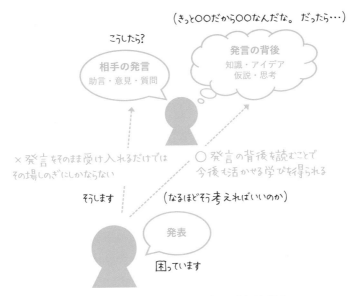

図 4-15　相手の発言の背後を読んで学びを得る

で済まそうというのはむしろ損ですよね。

　ただし、ここで注意が必要です。皆さんの発表に対して、参加者から助言や意見、あるいは質問などをもらえたとします。このときに、ただその発言をそのまま受け入れるだけでは、得られるものは多くありません（図 4-15左）。たとえば、「困っています」と皆さんが発表して、「こうしたら？」という助言をもらえたとしましょう。ここで、「じゃあそうします」とだけ受け止めて、ただそれをやってみるだけでは、そのときは困りごとが改善できるかもしれませんが、応用が利かないのです。少し違う困りごとが起こったときに、また助言を求めないといけなくなります。

　大切なのは、相手の発言の背後にある知識やアイデア、あるいは仮説や思考を読むことです（図右）。たとえば、「こうしたら？」という助言が出てきた場合、その背後には皆さんにはない知識や思考があるはずです。もしそれらを自分のものにできれば、今後はみずから助言を出せるようになるはずです。このように、発言の背後を読むことで、今後も活かせる学びを得ることができるのです。この学びこそがボーナスです。皆さん自身では生み出せな

い内容の発言が相手から出てきたときには、学びのボーナスチャンスだと捉えて、貪欲に読み取りに挑みましょう。

そうはいっても、相手の発言の背後を正確に読むことは簡単ではありません。そこで大切なのが、発言の背後を相手に尋ねてみることです。「その考えは私にはなかったのですが、なぜその考えがよいと思われたのですか」や、「どうやってそんなアイデアを思いつくのですか」あるいは「なぜその発言が出てくるのかを教えてもらいたいのですが」ということを聞いてみる、ということです。そこで、「なるほど、そう考えればいいのか！」というようなことを教えてもらえれば、めでたくボーナス獲得です。

4.4 第3ステージのまとめ

このステージでは、足元が崩れないようにしっかり成果を積みあげていくために、証拠の収集、分析と推理、そして協力の要請、という3つのフェイズで進めていくという話をしました（図 4-16）。

このステージは、仮説検証のループを回してコツコツと研究成果を積み上げていきました。作戦を立案する際に無意識に置いた「暗黙仮説」を意識しながら仮説を整理し、それに基づいてデータを狙いうちで集めるのがフェイズ1でした。ここでは「仮説検証の証拠収集ノート」というツールを紹介しました。

続いて、捜査官のように集めた証拠を分析して、それをもとに推理するのがフェイズ2でした。生データから分割抽出と特徴可視化で結果を得て、それと知識を掛け合わせて考察を得ようという話をしました。こうして得られた考察が成果となります。この分析と推理に活用できる「推理ノート」を紹介しました。

作戦を実行するにあたり、ミーティングで協力を得るのがフェイズ3でした。よい協力を得るためには、まず世界観と作戦、そして論点の認識の共有が必要であること、報告と相談は4段階で行うとよいことを述べました。

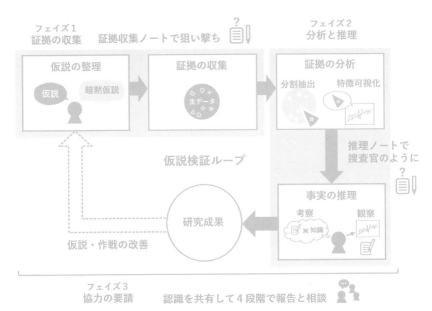

図4-16 第3ステージ「作戦の実施」のまとめ

　このステージが研究の山場であり、もっとも研究らしい部分です。仮説検証を行うには多くのステップが必要で大変ですが、ここで多くの研究成果を積み上げているほど次の最終ステージの攻略が楽になるので、仲間の協力を得ながら頑張って乗り越えていきましょう。

chapter

5

作戦の引継 …第4ステージの攻略

　ここまで成果を積み上げてきた皆さんの最後の使命は「引継」です。次に挑戦する誰かのために、冒険譚を論文やスライド資料の形でまとめましょう。このステージでは、話の大枠を決めていくための**企画と脚本**、大枠に沿って細かい部分の話を作りこんでいく**原稿の作成**、そして仕上げるための**全体の推敲**、という3つのフェイズの攻略に挑みます。このステージをうまく攻略するには、「**企画構成**」と「**論述表現**」の2つのスキルが必要になります。

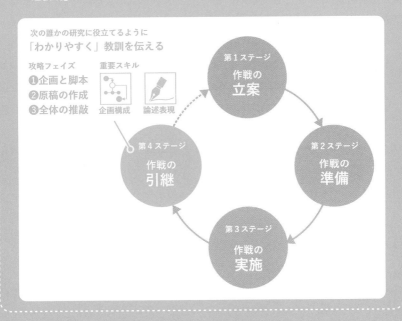

次の誰かの研究に役立てるように
「わかりやすく」教訓を伝える

攻略フェイズ　　　重要スキル
❶企画と脚本
❷原稿の作成
❸全体の推敲　　企画構成　論述表現

第1ステージ
作戦の
立案

第2ステージ
作戦の
準備

第3ステージ
作戦の
実施

第4ステージ
作戦の
引継

5.1　ステージの概要

　論文やスライドの作成は、最後にして最大の難関です。成果が得られていたとしても、何から始めたらよいのか、どこに何を書いたらよいのか、大いに悩まされます。この難関を乗り越えるために、論文やスライドをうまく作っていくための手順と注意点を学んでおきましょう。

5.1.1　論文・スライド資料は 1 つの物語作品

　研究成果が積みあがり、卒論や修論の提出時期が迫ってくると、「さあそろそろ論文としてまとめ始めようか、口頭発表用のスライド資料も作らないとね」という話になってきます。ここで、論文やスライドの 1 ページ目から細かく作り始めようとしてはいけません。途中で話が食い違ったり、重要な話が抜けたりしているのに気づいて、大幅な作り直しが必要になってしまうからです[1]。

　論文やスライドは、漫画や小説と同じようにストーリーの中でメッセージを伝える「物語作品」です。いくらよいアイデアがあっても技術がなければよい小説や漫画は書けないのと同じで、書き方を学んでおかなければよい論文・発表は作れないのです。

　論文やスライドの作成においては、「企画を練ってあらすじを書き、それに沿って下書きを整えてから細かい部分を仕上げる」という手順を守ることがとても大切です。この手順は、漫画や小説の制作過程とよく似ています[2]。

---

[1]　よほど論文やスライドを作り慣れていればこのやり方ができるかもしれませんが、ものすごく難易度が高い方法です。

[2]　漫画では、あらすじはプロット、下書きはネームとよばれるようです。漫画や小説、あるいは演劇や映画の制作手順はよい参考になるので、調べてみるとよいでしょう。

5.1.2 ステージ攻略の流れ

図 5-1 に、論文とスライドを着実に作成していくための 4 ステップを示しています。

構成の企画（Step 1）から始めて、アウトライン構成（Step 2）を経て、ようやく原稿の下書き（Step 3）に入り、最後に仕上げ（Step 4）です。

● Step 1「構成の企画」：
　論文や発表で説明する話の論理的整合性がとれるように、重要な情報の関係を整理します。「この目標に対してはこれが効果的だからこの手段を採用して、その手段を実施したからこの結果が得られて、

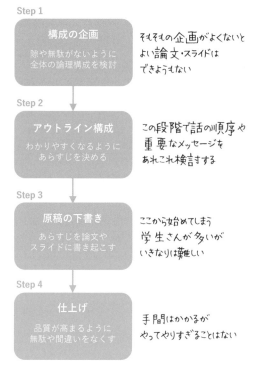

図 5-1　論文・スライドの作成手順

5

作戦の引継…第4ステージの攻略

その結果からこんな知見が得られたからこの考察が導かれて…」と
いったように、論理の隙や話題の無駄がない構成をこの段階で企画
しておきます。

📝 工々田各メモ

　ここがおろそかだとその後のステップでの挽回は難しく、「体裁はきれ
いに整っているけどそもそもの話の論理がつながっていないよね?」とい
う感想をもたれてしまいます。可能なら、「こんな感じで研究をまとめよ
うと考えているんですが…」などと指導教員や研究室のメンバーに見ても
らい、論理がつながっていない部分がないかを確認してもらうとよいで
しょう。

● Step 2「アウトライン構成」:

企画をもとに、話の展開がわかりやすくなるように、話題の紹介順
や伝え方を工夫したあらすじ（アウトライン）を書き起こします。
論文やスライドを作り始めたあとで話の展開を修正するのは大変な
ので、この段階で試行錯誤を済ませておきます。ここで作成したア
ウトラインは、論文とスライドの両方を迷わず作っていくための設
計図、あるいは脚本のような役割を果たします。

📝 工々田各メモ

　この段階でも、「アウトラインを書いたので、この方針で原稿を書き始
めても問題なさそうか見てもらえませんか」と指導教員や研究室メンバー
にアドバイスを求めるのがよいでしょう。

● Step 3「原稿の作成」:

アウトラインに基づいて論文やスライドの下書きを作っていきます。
アウトラインに記載したあらすじだけだと、「それって本当?」と納
得してもらえなかったり、「とくに大事ではないよね」と軽視された
りするおそれがあるので、話の納得感とインパクトが高まるように
情報を補足していきます。

● Step 4「仕上げ」：

論文やスライドの原稿に推敲をかけて無駄や間違いをなくし、品質を高めていきます。推敲は非常に手間がかかりますが、行うたびに読みやすさと信頼性が高まるので、やってやりすぎることはありません。大規模な原稿の修正が必要になったとき、その部分に対して行った推敲は丸々無駄になるので、細かい推敲ほど最後のほうで行います。

5.2 フェイズ1「企画と脚本」の攻略

よい脚本（アウトライン）があれば、論文もスライドも手早く作っていくことができます。何をどの順でどのように説明するかが脚本に書かれているため、迷いが生じにくいからです。ただし、よい脚本にはよい企画が不可欠です。この節では、企画から脚本をうまく作っていく方法を紹介します。

5.2.1 話の筋を組み立てる

Step 1「構成の企画」の具体的な進め方を見ていきましょう。皆さんがこれまで考えたり、調べたり、実施してきたりしてきたことを、1つのストーリー（話の筋）として構成していきます。これはなかなか難しい作業です。同じ研究を行ったとしても、それをうまく説明できるストーリーは複数ありえます。また、ストーリーの良し悪しを判断するには、研究の全容を俯瞰的に捉え直す必要があります。この研究をやったからストーリーは自動的にこれになるね、というわけにはいかないのです。

このストーリーは「世界観」→「作戦」→「成果」→「教訓」というパターンで組み立てるのが基本です。このパターンで「どんな世界にどう挑んで、何を得て、何を伝え残すのか」を盛り込むことができます（図 5-2）。ここ

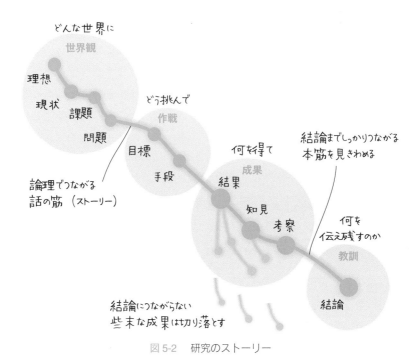

図 5-2　研究のストーリー

で大切なのは、オープニング（世界観）からエンディング（教訓）までの話の論理的なつながりです。どこか1か所でも論理が弱く、途切れていると、それ以後の話の説得力は著しく低下してしまうのです。

> 📝 攻略メモ
>
> 　たとえば、手段と結果の間の論理がつながっていないとしましょう。ある結果をどんな手段で得たかを明確に説明していないような場合です。きっと、「この結果が本当に得られたのか疑わしいので、その結果から導き出されている考察も結論も信じられない」と思われてしまうでしょう。

　前半の話のストーリーを組み立てるのは比較的簡単です。「どんな世界にどう挑んで」という世界観と作戦は、論理的にしっかりつながるように、第2章の作戦の立案のフェイズで決めてあるためです。世界観と作戦を構成する「理想、現状、課題、問題、目標、手段」は、すでに1つの筋の上に載っ

ているはずですから、ここではその筋の確認程度で済みます。とはいえ、研究を進める中で隠れていた真の問題が見えたり、課題を調整したりといった場合もあるでしょうから、その場合は世界観の再構築が必要です。

　難しいのは、後半の「成果」と「教訓」の部分です。この部分は、図のように枝分かれするからです。成果というのは、結果・知見・考察のことでした。結果ごとに複数の知見が得られ、それらにさまざまな知識を掛け合わせて考察が得られるため、枝分かれができるわけです。これをすべて紹介するとまとまりのない話になってしまい、大切な話の「本筋」が伝わらなくなってしまいます。

　そこで必要なのは、「本筋となる主要な成果」を見定めて、それが際立つようにそれ以外の枝（成果）は切り落とすか、あるいは目立たないものにする、いわば枝の「剪定」のような作業です。切り落とすというのは、論文やスライド資料には載せないということです[3]。ストーリーを決定することは、話題の取捨選択でもあるのです。ここで残った太い枝としての結果と知見は、主要な結果（main results）あるいは主要な知見（main findings）とよばれます。

　主要な結果と知見は、成果だけを眺めていてもうまく見定めることはできません。先に教訓として伝え残したい「結論」をはっきり決めて、その結論とつながりの強い成果を本筋として選ぶという手順が必要になるのです。そこで、この企画の段階で、蓄積してきた成果を俯瞰して把握しながら、どの成果からどんな教訓が導き出せそうかをさまざまに検討し、それに基づいて最良の結論を決めていきましょう。結論が違えば、太い枝となる主要な成果も変わります。つまり、結論をどうするか、というのがストーリー構成の企画の肝なのです。結論の決め方は、次項で解説します。

---

[3]　とはいえ、まったく載せないのはもったいないという内容は、論文の付録（Appendix）とよばれる欄に記載することも可能です。もしくは、研究室で論文とは別に残す引継ぎ資料がある場合は、そちらに残すというやり方もあります。スライド資料の場合は、補足資料として作っておいて、質疑応答の時間で質問がこなければそこを説明する、というやり方もありえます。

◤◤◤ **5.2.2** 結論の決め方

　では、結論はどう決めればいいでしょうか。結論になりうるのは、「研究という冒険に挑戦した皆さんだからこそ説得力をもって提示できる、次に挑戦する誰かの役に立つ教訓」です。挑戦しなくても言えるようなことや、「それを聞いたところで攻略の役には立たないよ」というような内容は結論にはなりません[4]。皆さんは、皆さんの冒険の語り部として、「聞いた価値があった！」と思ってもらえるような結論を用意しないといけないのです。

　図 5-3 では、結論に据えるべき教訓を 4 種類に分けています。まず、「これがうまくいってここまで攻略が進んだ！」という「攻略の肝と進捗」、あるいは「これを考慮すればもっとうまくやれるはずだぞ！」といった「明るい将来展望」が教訓になりえます。これらをまとめて強気の自慢としておきましょう。難しい挑戦に挑んだという誇りをもって、「どうだ！」と自慢するイメージです。他方、「とはいえ、これがうまくいかなかったし、これも心配」という「懸念と弱点」、あるいは「今後はこれを目指すべきだ」という「今後の課題」も教訓になります。これらは冷静な提言とよんでおきましょう。

図 5-3　結論は強気の自慢と冷静な提言で導出する

---

[4]　たとえば、「鬼の強さの克服は難題であった」や「鬼の襲来は抑制されるべきである」などは、挑戦前から言えることですので、結論にはなりません。また、「動物たちの力を借りて鬼退治に挑んだ」や「キビ団子を 22 個集めることができた」も、それだけでは次の攻略の役には立たないので、結論としてはふさわしくありません。

　皆さんが得てきた成果を思い返して、これら4つの教訓として何が言えるかを考えてみてください。簡単ではない攻略を可能にした肝がどこかにあったはずです。また、課題に近づく進捗が（少しでも）あったはずですし、失敗続きであったとしても、次の攻略のヒントもつかんでいることでしょう。これらは、たとえ些細なものでも、強気で自慢してよいのです。また、課題がすべて達成できたわけではないでしょうから、やり残した部分や、結論にいたる論理に自信のない部分もあるかもしれません。このような懸念や弱点も、伏せておくのではなく、提言として伝え残すべきです。どこがやり残されたのか、どこに今後埋めるべき穴があるのかというのも、立派な攻略情報として役に立つからです。

　結論は、これらの4つの教訓をバランスよく含むものにするのが理想的です。強気の自慢ばかりでは、「信じて大丈夫だろうか…」と不信感をもたれかねないですし、冷静な気持ちでの提言だけでも、「自慢できることはなかったんだな…」と、価値を不当に低く見積もられてしまいかねないからです。

▶ 5.2.3　リサーチキャンバスで企画を練る

　主要な成果と結論を見定めつつ、全体のストーリー構成の企画を練るうえでは、図5-4のリサーチキャンバス (Research Canvas) が役に立ちます。これを使えば、世界観（何に挑んだのか）、作戦（どう挑んだのか）、成果（何が得られたのか）、教訓（何を伝え残すのか）というストーリーを構成する話の筋を書き込みながら練っていくことができます。各枠の間を結ぶ矢印は、根元から先側の枠の話題を導き出す論理を示しています。世界観から作戦を導くのは、「策略家の論理」です。第1ステージで、策略家のように作戦を決めましょう、という話をしたのがこれにあたります。作戦から成果を導くのは、第3ステージで紹介した「捜査官の論理」です。成果から教訓を導くのは、「語り部の論理」です。これは、このあと紹介します。

　図の記入例でとくに確認してもらいたいのは2点です。まず1点目は、作戦と成果の対応です。手段と目標のセットは①〜③の3つあり、それぞれに

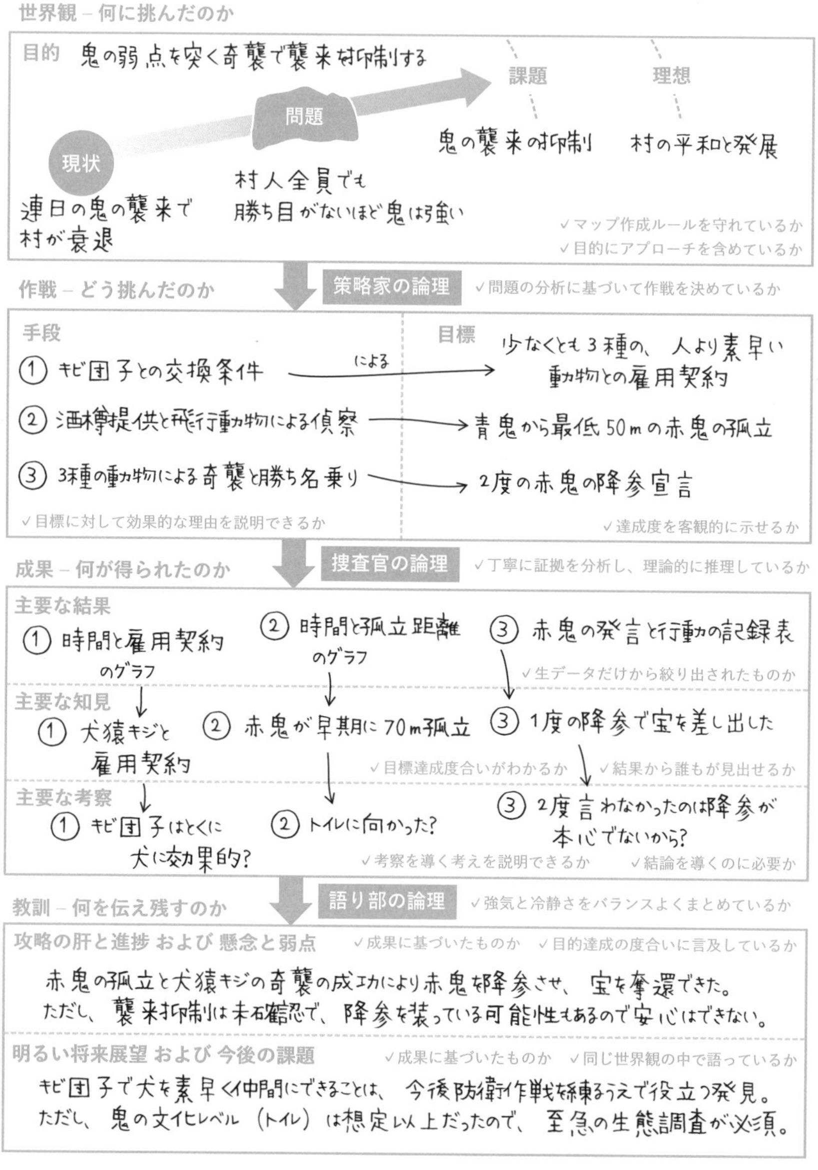

世界観 – 何に挑んだのか

目的　鬼の弱点を突く奇襲で襲来を抑制する

問題

現状
連日の鬼の襲来で村が衰退
村人全員でも勝ち目がないほど鬼は強い

課題　鬼の襲来の抑制

理想　村の平和と発展

✓ マップ作成ルールを守れているか
✓ 目的にアプローチを含めているか

作戦 – どう挑んだのか　**策略家の論理**　✓ 問題の分析に基づいて作戦を決めているか

手段

① キビ団子との交換条件　　による

② 酒樽提供と飛行動物による偵察

③ 3種の動物による奇襲と勝ち名乗り

目標

少なくとも3種の、人より素早い動物との雇用契約

青鬼から最低50mの赤鬼の孤立

2度の赤鬼の降参宣言

✓ 目標に対して効果的な理由を説明できるか　　✓ 達成度を客観的に示せるか

成果 – 何が得られたのか　**捜査官の論理**　✓ 丁寧に証拠を分析し、理論的に推理しているか

主要な結果
① 時間と雇用契約のグラフ
② 時間と孤立距離のグラフ
③ 赤鬼の発言と行動の記録表

✓ 生データだけから絞り出されたものか

主要な知見
① 犬猿キジと雇用契約
② 赤鬼が早期に70m孤立
③ 1度の降参で宝を差し出した

✓ 目標達成度合いがわかるか　✓ 結果から誰もが見出せるか

主要な考察
① キビ団子はとくに犬に効果的?
② トイレに向かった?
③ 2度言わなかったのは降参が本心でないから?

✓ 考察を導く考えを説明できるか　✓ 結論を導くのに必要か

教訓 – 何を伝え残すのか　**語り部の論理**　✓ 強気と冷静さをバランスよくまとめているか

攻略の肝と進捗 および 懸念と弱点　✓ 成果に基づいたものか　✓ 目的達成の度合いに言及しているか

赤鬼の孤立と犬猿キジの奇襲の成功により赤鬼を降参させ、宝を奪還できた。ただし、襲来抑制は未確認で、降参を装っている可能性もあるので安心はできない。

明るい将来展望 および 今後の課題　✓ 成果に基づいたものか　✓ 同じ世界観の中で語っているか

キビ団子で犬を素早く仲間にできることは、今後防衛作戦を練るうえで役立つ発見。ただし、鬼の文化レベル（トイレ）は想定以上だったので、至急の生態調査が必須。

図 5-4　リサーチキャンバスの記入例★

対応する成果①〜③が記載されています。このように対応させることで、作戦と成果の間の話の筋（捜査官の論理）が明確になるのです。もう1点は、最下段の「教訓」の内容が、「成果」に記入されている主要な結果、知見、考察を踏まえたものになっていることです。これにより、成果から教訓にいたる話の筋（語り部の論理）が明確になります。このように、リサーチキャンバスでは、前後の枠同士で話が論理的にも形式的にも対応するようにします。

　このリサーチキャンバスの作成手順を見ていきましょう。最初に記入するのは「世界観」と「作戦」の欄です。研究を実施する前に決めたものから変更を加えていない場合には、そのまま記載すればよいでしょう[5]。記入例でも、変更がなかったという想定で、第2章で紹介した例をそのまま記載しています。手段と目標は、手段を先に置く「〜による〜」といった形式で書くと端的に書けると思います。複数の手段を採用していた場合には、記入例のように番号をつけて区別しておきましょう。

　難しいのはここからです。「成果」の欄には、いろいろと記載できる候補があるはずです。作戦がしっかり実施されていればいるほど、多くの知見や考察が得られているはずですから、何を書き込めばよいのか悩むことになります。そこで、先ほど説明したように、成果の欄に書き込む前に、まずは教訓の欄に書き込む結論を決めましょう。決めた結論を記入したら、それを導き出すうえで重要な役割を果たした成果を記入していきましょう。ここまでできれば、企画はひととおり完了です。枠内と枠外のチェック項目がすべて満たされているか確認し、不十分なところがあれば細かい修正を繰り返しましょう。すべての項目を高いレベルで満たすことは簡単ではありませんが、論文審査や発表会の際に攻撃の的となる「論理の隙」ができるだけなくなるようにしておきましょう。

---

[5] もし研究を進める中で変更を加えているのであれば、最新の内容を記入しましょう。

5.2.4 アウトラインの基本構成

　リサーチキャンバスが書けたら、次はそれに基づいて脚本、すなわちアウトラインを作成していきましょう。ポイントは、わかりやすい説明をするための基本構成である「話題」「メッセージ」「補足」を、1つの単位（メッセージブロックとよぶことにします）として、箇条書きで書き連ねていくことです（図5-5）。

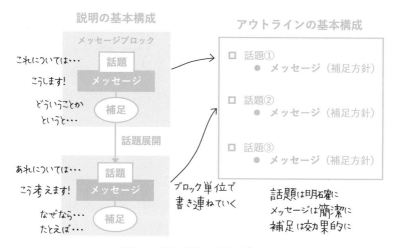

図 5-5　脚本の基本のテンプレート

● 話題：
　　そこで何を語るかの道 標になる目次の項目のようなものです。「理想」「現状」「課題」「問題」など、一般的で抽象度の高い文言が入ります。「ここではこれについて説明しますよ」という予告看板として機能します。

● メッセージ：
　　「その話題についての相手の疑問に対する簡潔かつ大切な答え」です。たとえば、理想という話題におけるメッセージは、「この研究における理想は一言で表せば何ですか？」と聞かれたときに答える具体的

な内容になります。このメッセージこそが、皆さんの思考と努力の結晶として評価される部分です。なぜなら、しっかり考え、実行した人にしか、説得力のある端的な答えを用意できないからです。

● 補足：

メッセージの納得感とインパクトを高めるために添える情報です。メッセージは、コマーシャルのキャッチコピーのように短いものがよいのですが、それだけだと納得感が低かったり、印象が薄かったりするので、それを効果的に補えるような追加説明がほしいわけです。アウトラインには、補足の方針を記載します。

　具体的な作成例は追って紹介します。ここでは、アウトラインはメッセージブロックという説明のユニットを書き連ねたものだ、ということを理解しておいてください。箇条書きとして作成するのは、話の流れを俯瞰して確認しながら、前後のメッセージがうまくつながるように何度も修正を加えるためです。まず、箇条書きの一番左の「話題」の列を見て、目次を見るように話題の流れを確認します。そうすると、「あれ、あの話題について紹介するのが抜けているぞ」ということに気づけるので、抜けている話があればアウトラインに追加しましょう。次に、真ん中の「メッセージ」の列を見て、あらすじを確認します。粗っぽいながらも、重要な話の筋を確認できるので、「おっと、ここの話の論理がつながっていないから、間に何かメッセージが必要だな」とか、「ここの話題ではもっと重要な別のメッセージがいいかな」あるいは「ここのメッセージは前後を入れ替えたほうがわかりやすいな」といった検討と修正を繰り返します。あらすじが整ったら、その話の流れの中で各話題を紹介する際にどのような補足が最も効果的なのかを考えながら、補足の方針をメッセージの末尾にかっこ書きで記載していきます[6]。

---

[6] 著者は、このアウトラインの編集を、階層的な箇条書きを楽に編集できるクラウドアプリで行っています。移動中などの隙間時間でも、よい案が浮かんだタイミングで編集できるからです。

■■■ ▶ 5.2.5 アウトラインの節区分

　アウトラインは、節（Section）という区分で作成していきます。「緒言」「方法」「結果」「議論」「結言」などです。研究の論文やスライドでよく目にする用語だと思います。企画の時点では「世界観」「作戦」「成果」「教訓」という本書独自の区分で話題を整理していましたが、ここで一般的な節区分に合わせていきます。

　ここでは、企画してきたストーリー自体を変えるわけではなく、単に区切りの位置を調整したり、より詳細にしたりするだけです（図 5-6）。

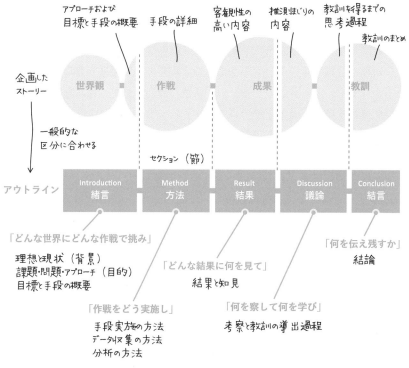

図 5-6　企画とアウトラインの構成区分の対応

● 緒言（イントロダクション）：

どんな世界にどんな作戦で挑んだかを紹介する節です。リサーチキャンバスにおける「世界観」と「作戦」をひとまとめにしたものになります。理想と現状（背景）、課題・問題・アプローチ（目的）の紹介が主な話題です。目標と手段は、概要の簡単な紹介に留めます。

● 方法：

作戦をどう実施したか、つまり、手段の詳細を紹介する節です。手段実施の方法、データ収集の方法、そして分析の方法という話題を扱います。

● 結果：

何を得て何を見たか、つまり結果の図表と知見を紹介します。成果の中でも客観性が高く、確信をもって言える部分を載せる部分です。

● 議論：

何を察して何を学んだかを紹介する節です。ここでは、知見に基づいて考察と教訓を導き出した思考過程を解説します。考察と教訓には少なからず推測が混じってしまうので、結果とは違う節に記載します。

● 結言（まとめ）：

結局、何を伝え残すかを紹介する節です。扱う話題は、結論です。

このように、リサーチキャンバスの論理の流れと、アウトラインの話題の流れはきれいに対応していますから、リサーチキャンバスがしっかり書けていれば、アウトラインも楽に書けます。

◤◣ **5.2.6** アウトライン構成のポイント

　それでは、節ごとのアウトラインの書き方について見ていきましょう。図5-7 が、緒言、方法、結果、議論、結言の各節のポイントの一覧です。節ごとにストーリー上での役割が違うので、アウトラインの書き方もそれぞれ違ったものになります。

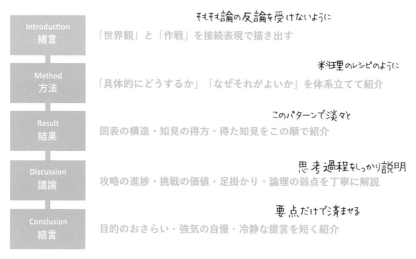

Introduction 緒言　そもそも論の反論を受けないように
「世界観」と「作戦」を接続表現で描き出す

Method 方法　料理のレシピのように
「具体的にどうするか」「なぜそれがよいか」を体系立てて紹介

Result 結果　このパターンで淡々と
図表の構造・知見の得方・得た知見をこの順で紹介

Discussion 議論　思考過程をしっかり説明
攻略の進捗・挑戦の価値・足掛かり・論理の弱点を丁寧に解説

Conclusion 結言　要点だけで済ませる
目的のおさらい・強気の自慢・冷静な提言を短く紹介

図 5-7　各節のアウトライン構成のポイント

　まず緒言の節では、「世界観」と「作戦」を接続表現で明確に書き出します。図 5-8 が、緒言のアウトラインの作成例です。前半で世界観を、後半で作戦を紹介しています。太字のメッセージの部分を抜き出して読むだけで、あらすじがつかめることを確認してください。ここでの 1 つ目のポイントは、世界観がありありと目に浮かぶように、理想、現状、課題、問題という要素をつなぐ論理をしっかり言葉で表すということです。メッセージ部分の冒頭には、「それに反し」や「そのため」といった論理を明示する接続表現の語句がおかれていますよね。これらの接続表現を駆使して、理想と現状の間には確かなギャップがあり、挑戦は難しいのだということがうまく伝わるアウト

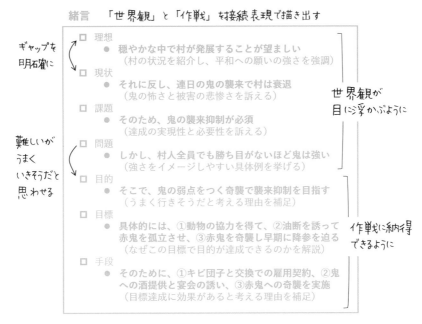

図 5-8　緒言のアウトライン

ラインを考えましょう。2つ目のポイントは、立てた作戦に納得してもらえるように、目的、目標、手段の順で挑戦の道のりをきっちりと説明するということです。とくに、ここで紹介する目標と手段は、目次のような役割を果たすので、もれなく記載するようにしましょう。

📝 攻略メモ

　世界観と作戦を緒言でしっかり説明するのは、あとから「そもそも論」の疑問をもたれてしまわないようにするためです。たとえば、緒言の次の「方法」の節で細かい実験の話をしているときに、「あれ、そもそもそんな手段を採用するんだったっけ?」とか「そもそも、何を目指していたんだっけ」といった疑問をもたれると、以降の細かい説明を理解してもらいにくくなるのです。

続く「方法」の節では、「具体的にどうするか」「なぜそれがよいか」を項目立てて紹介していきます。ここは、のちの誰かが「自分もやってみよう」と考えたときに参考にする部分ですから、料理のレシピのような書き方が望ましいです。「粉をまぶす前に、具材の表面の水気はキッチンペーパーで拭っておきましょう。そうしないと揚げたときに衣がはがれやすくなってしまうからです。それができたら次に…」といった具合です。図 5-9 が作成例です。手段ごとに話題が階層的に整理されてまとめられていますよね。メッセージを書く前に、まずは話題を明示する項目から書いておくと、見通しよくアウトラインを作成していけるはずです。

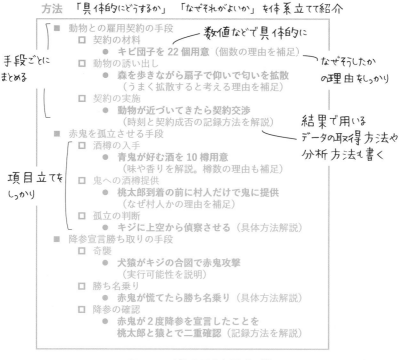

図 5-9　方法のアウトライン例

「結果」の節では、「図表の構造」「知見の得方」「得た知見」をこの順でまとめます。図 5-10 の例のように、得られた結果ごとに各話題を記載します。

● 図表の構造：

「左側のグラフは～を、右側のグラフは～を示したものである。横軸は～で、縦軸は～である。この図において、～は丸で、～は四角で記されている」のような、図表の軸の意味や記号の説明です。

● 知見の得方：

「左のグラフにおいては、丸の分布位置を見ることで～を、またその分布中心の色を見ることで～を確認することができる」といった、データの読み取り方の解説です。

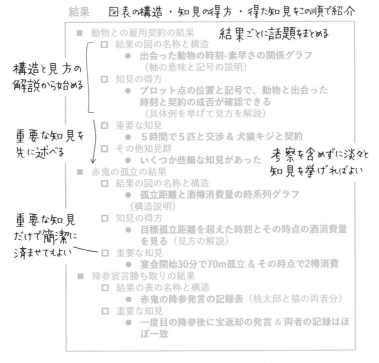

図 5-10　結果のアウトラインの例

● 得た知見：

「左のグラフにおいて、丸で示された〜が左下に偏って存在しており、その分布中心の色は赤であるため、〜であると確認できた」のような、読み取り結果の紹介です。

　研究で得たすべての知見を紹介する必要はありません。このあとの議論の節で紹介する考察に用いる重要な知見を優先的に紹介して、細部はそれが気になる読み手・聞き手のために、本筋ではないことがわかる形（「その他の知見としては」のような書き出しで複数の知見をまとめる、など）で追記しましょう。

　議論の節では、「攻略の進捗」「挑戦の価値」「今後の足掛かり」「論理の弱点」をしっかり話題として分けたうえで、結果の節の知見に基づく考察をそれぞれ丁寧に解説します（図 5-11）。

● 攻略の進捗：

課題がどれだけ達成されたかや、問題解決においてどの作戦が効果を上げたのか（攻略の肝）を解説します。これがなければ、緒言での宣言が「絵に描いた餅」になってしまいます。

● 挑戦の価値：

結果に新規性があるのか、あるとしたら、それにどのような応用可能性があるかについての考えを解説します。わざわざ研究を実施した甲斐があったのかどうか、という話ですね。

● 今後の足掛かり：

今後さらにうまく課題や問題を攻略するのに役立つ、結果が生じた仕組みの考察や発見を踏まえた提案、あるいは問題解決の新たな手がかりを解説します。明るい将来展望を述べる部分です。

● 論理の弱点：

結果や考察をどれほど信じてよいのか（懸念と弱点）や、課題と問題の未達成・未解決部分（今後の課題）を解説します。

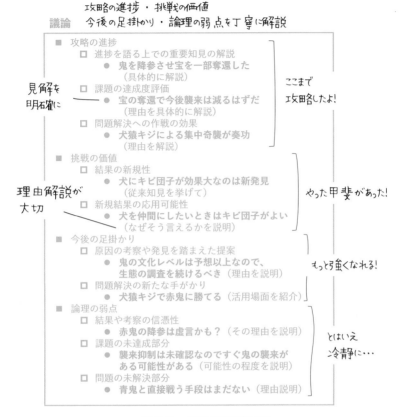

図 5-11　議論の脚本作成例

　このように、「議論」の節では色々な話題について述べるわけですが、各話題について、単に「こうかもしれないああかもしれない」と落ちのない議論を長々としてよいわけではありません。図の作成例のように、しっかりとしたメッセージを打ち出す必要があります。つまり、皆さんなりに議論に答えを出し、その答えを導き出した思考過程を説明する必要があるのです[7]。

　最後の「結言」の節では、「目的のおさらい」をしたうえで「強気の自慢」

---

[7] 議論に答えを出すには考察が必要ですが、第3ステージ「作戦の実施」における考察とは異なることに注意が必要です。第3ステージで得ている考察は「仮説検証ループをうまく回し、作戦や仮説を改善するための考察」であり、一方の第4ステージで得たい考察は「結論を導き出すための教訓を得るための考察」です。

と「冷静な提言」を短く紹介します（図 5-12）。目的は緒言で丁寧に解説しているので、ここではそれを簡単にまとめれば十分です。強気の自慢と冷静な提言は、議論の節で解説した内容（攻略の肝と進捗、明るい将来展望、懸念と弱点、今後の課題）を総合してまとめるだけなので、新たな論理を持ち出す必要はありません。

　大切なのは、「目的」と「攻略の肝・進捗」「懸念と弱点」の内容がしっかり対応していることです。ここがちぐはぐだと、目指していたことと、できたことが一致しておらず、研究をうまくコントロールできていないと判断されてしまいます。結言では補足説明はそれほど必要ないので、この「目的と結言の対応」を明確にすることに集中しましょう。

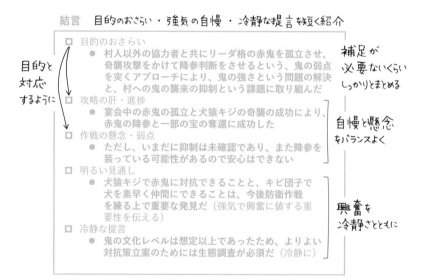

図 5-12　結言のアウトラインの例

▶ **5.2.7 納得感とインパクト**

前項の図5-8〜5-12のアウトラインには、かっこ書きで「補足方針」を記載しています。補足方針というのは、メッセージの納得感とインパクトを補うための書き方・見せ方の方針のことです。

誰かの話を聞いたときに、その話の内容自体はわかるけどなんだか納得できなかったり、納得はできるけど心には響かなかったりした経験があると思います。そうした話に足りないのは、納得感とインパクトを高める補足説明なのです。

補足説明の方針を定めるには、まずは皆さんが用意したメッセージにどれほど納得感とインパクトがあるか、をしっかり見きわめる必要があります。メッセージを初めて聞く人の立場に立って想像してみましょう。「どういうこと？」「なぜ？」「本当に？」といった感想を抱くようなら、そのメッセージには納得感が不足しています。「ピンとこない…」「期待外れだな…」「重要ではなさそうだな…」と感じたら、インパクトが不足していることがわかります。

> 📝 **攻略メモ**
>
> 自分のメッセージを客観的に見るのはなかなか難しいので、日頃から他の人の話を聞いたり読んだりする際に、納得感やインパクトを考えてみることを練習としておすすめします。これを続けると、自分で文章を書いたり話したりしたときに、「あ、これではピンとこないな」と無意識に判断できるようになっていきます。

補足に使うのは、「解説」「具体例」「根拠」です。これらの3つを上手に添えることで、メッセージの納得感とインパクトを高めることができます。

📝 攻略メモ

　たとえば、「連日の鬼の襲来で村は衰退している」というメッセージに対して、緒言のアウトラインの作成例（図5-8）では、「鬼の怖さと被害の悲惨さを訴える」という補足方針にしていました。これは具体例によってインパクトを高めようという方針です。このメッセージに対しては、他にも、「襲来や被害の詳細を調べた調査研究を引用する」という方針も選べます。この場合は、根拠を挙げることによって納得感を高めようというものです。

　メッセージを大砲の弾にたとえれば、解説・具体例・根拠というのは、弾を撃ち出すための火薬のようなものです（図5-13）。十分な火薬があれば、メッセージは勢いよく飛び出して相手のところにまで届きます。逆に解説・具体例・根拠が不十分だと、メッセージはうまく届きません。

補足（解説・具体例・根拠）を添えるとメッセージがしっかり届く

メッセージだけではうまく届かない

図 5-13　解説・具体例・根拠でメッセージを伝える

　解説・具体例・根拠がそれぞれどういうものかも、簡単に確認しておきましょう。

- 解説：

  メッセージだけではわかりにくい部分を抜き出して、より簡単な言葉に置き換えたり、あるいは詳細を述べたりすることによってわかりやすくすること。「つまり」「すなわち」「言い換えると」「要するに」といった接続表現に続ける内容です。とくに、納得感を高めるのに有効です。

- 具体例：

  メッセージで伝える内容が、実際に起こった事例や、起こったとしたらどういうことになるかの例示。メッセージは抽象的な説明になりがちなので、具体的な話を添えることでイメージしてもらいやすくします。「たとえば」「具体的に言えば」「実際には」などの接続表現に続ける内容です。インパクトを高めるのに有効です。

- 根拠：

  メッセージで伝える内容の正しさの裏付けになる事実の紹介や、理屈の説明。「なぜなら」「この理由としては」「事実として」などの接続表現に続ける内容が根拠です。根拠を添えることで、メッセージの信ぴょう性が増し、納得感が高まります。

　ここで注意が必要なのは、補足説明は皆さんが用意することが可能なものでなければならないということです。いくら納得感につながるからといって、事例が存在しなかったり、根拠を示すための資料が手に入らなかったりするような補足をする方針は採用できません。

5.3 フェイズ2「原稿の作成」の攻略

アウトラインが用意できたら、いよいよ論文とスライドの作成に入ります。論文の各パラグラフ（段落）と、スライドの各ページをわかりやすく、かつ効率よく作っていく方法について解説します。

5.3.1 論文とスライドの役割と基本構成

はじめに、論文とスライドの役割の違いを確認しておきましょう（図5-14）。論文は研究を後世に伝え残す記録資料であるのに対し、スライドはその場で研究（あるいは皆さん自身）を売り込むための宣伝資料です。論文では、多くの情報が詳しく記載されていることが重要です。ですから、論理を厳密に文章化することが大切です。図表も載せますが、あくまで文章の補足です。それに対して、スライドでは見せた瞬間の納得感とインパクトが重要です。そのために、図表中心で論理を視覚化して表現することが大切です。

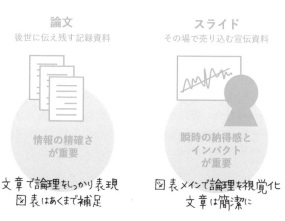

図 5-14　論文とスライドの違い

攻略メモ

　論文やスライドの作り方については、研究室ごとに受け継がれた形式があると思います。ただし、ただその形式に当てはめるだけではいけません。論文やスライドの役割の違いを理解したうえで、なぜその形式がよいのか、あるいは、もっとよい形式がないかを考えるようにしましょう。

　このような違いがあるものの、論文とスライドは同じアウトラインから作ることができます。前節で作った1つのメッセージブロックを、論文ではパラグラフに、スライドではページにするのです。図5-15が、論文パラグラフとスライドページの基本構成です。どちらも、話題、メッセージ、補足の3要素で構成します。パラグラフでもスライドページでも、上部の目立つところに話題とメッセージを明示するのが基本です。まっさきにそれが目に飛び込んでこないと、補足情報の中に埋もれてしまうからです。両者で違うのは、補足の書き（描き）起こし方です。パラグラフにおいては、文章主体で書き起こすのに対し、スライドページでは図表主体で描き起こすのです。

5

作戦の引継…第4ステージの攻略

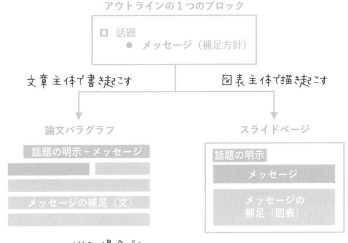

図5-15　パラグラフとスライドページの基本構成

▶ 5.3.2　論文パラグラフの作り方

　まずは、論文原稿のパラグラフの作り方について見ていきます。アウトラインに記載した話題を明示する言葉とメッセージを合わせて1つの文にして、パラグラフの先頭に置きます。たとえば、「目標」という話題について「〜を目指す」というメッセージを合わせる場合には、「目標として、〜を目指す」もしくは「〜を目指すことが目標である」といったように文を作れますよね。この文だけで、そのパラグラフでは何の話題について何を伝えたいのかが一目瞭然です。これは「話題文 (Topic Sentence)」とよばれます。

　このように話題文をしっかり作ってパラグラフを始める方法は、パラグラフライティングとよばれる論文執筆の基本技法の1つです。この方法が推奨されているのは、読み手にとっても、書き手にとっても利点があるからです。読み手にとっては、効率的に読めるという利点があります。難解な長い論文であっても、各パラグラフの先頭にある話題文だけを流し読みすればあらすじをつかむことができます。さらに細かい内容を理解していくうえでも、あらすじが頭に入っているのとそうでないのとでは効率が大きく変わります。一方の書き手にとっては、先に話題文さえひととおり書き出しておけば、原稿完成までの到達度の目安が得られるという利点があります。話題文の数だけパラグラフができるので、論文の文字数やページ数が決まっている場合には、それを話題文の数で割ることで、「各パラグラフに150字ずつ補足説明を足せば十分だな」という計算ができます。これにより、「いつになったら終わるのか…」という不安が随分減ります。

　話題文に続けてパラグラフに記載するのは、メッセージの納得感とインパクトを高めるための「補助文 (Supporting Sentence)」です。補助文には、メッセージの「具体例、解説、根拠」を書くのが基本です。具体的な例を挙げたり、詳しく言い換えたり、そう言える理由を書き足していくわけです。

　図5-16はパラグラフの作成例です。先頭の文の太字部分が、話題とメッセージを合わせた話題文になっており、それに続く部分が具体例や解説、根拠になっていることを確認してください。

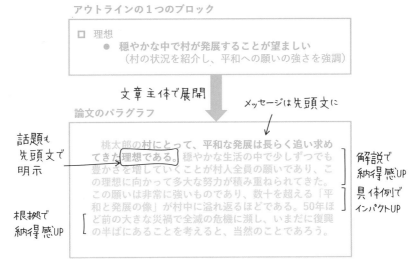

図 5-16　パラグラフを書き起こした例

　ここで大事なのは、メッセージの補足にならない文章は書かないということです。これはパラグラフライティングの作法なのですが、これを守るのは簡単なようでなかなか難しいものです。補足方針に従えば余計な文章は入りようもないのではないか、と思うかもしれませんが、実はそうではないのです。

> 📝 攻略メモ
>
> 　たとえば、図 5-16 の例で、「村の状況を紹介する」という補足方針に沿って、「桃太郎の村の名産品はキビ団子であり、年間の販売数は日本一である」という一文を補助文として書きたくなるかもしれません。しかし、この文はメッセージの納得感とインパクトを高める効果はもたないので余計です。

　パラグラフ中でメッセージを補助する役割をもたない補助文を入れてしまった場合の選択肢は2つです。この文を除くか、あるいはメッセージの補足効果が高まるように表現を工夫するかです。後者は、語順を変える、あるいは文頭や文尾に言葉を付け足すなどです。他にも、図の末尾にある「当然

のことであろう」といった言葉によっても、文の納得感を高める効果を得られます。補足の効果を意識しながら言葉の構成を考えてみてください。

> 📝 エダ各メモ
>
> 　たとえば、「桃太郎の村の名産品はキビ団子であり、年間の販売数は日本一である」の補助文については、「桃太郎の村の名産品である年間販売数日本一のキビ団子は、村の平和な発展に対する村人たちの願いと努力の結晶なのである」のようにすれば、なんとかメッセージの補足効果をもたせることができます。

　パラグラフライティングに従って論文原稿を膨らませていく際には、各パラグラフの文量がおおむね同じくらいになるようにするのがよいでしょう。パラグラフの行数があまりにもアンバランスだと読みにくくなります。厳密に同じである必要はありませんが、意識しておきましょう。

　■ 5.3.3 スライドのページの作り方

　スライドのページの作り方についても見ていきましょう。スライドにおいても、パラグラフライティングと同様、話題とメッセージを上部に配置するのが基本です。これには、発表を聞く側にとっても、発表する側にとっても大きな利点があります。発表中にスライドが切り替わったとき、スライド上部に話題が明示してあれば、「あ、話題がここでこれに変わるのだな」とはっきりわかるので、話についていけなくなるおそれが減ります。また、メッセージが書いてあれば、「細かい説明はややこしくてわからないけど、ここで言いたいことはわかったぞ」と思ってもらえるので、最低限あらすじは理解してもらえる可能性も高まります。

　図 5-17 にスライドの作成例を示します。論文作成のときと同じアウトラインの 1 項目をもとにして作ったものですので、話題もメッセージも、補足方針も共通です。ただし、パラグラフでは文字が主体であったのに対して、スライドでは図表が主体になっています。図 5-16 と見比べて、同じアウト

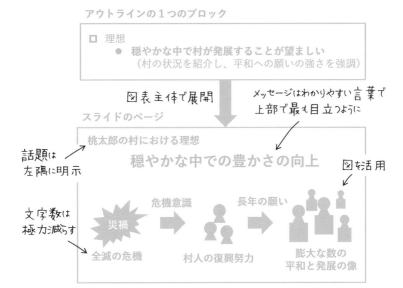

図 5-17　スライドを描き起こした例

ラインが、論文とスライドとでどのように作り分けられたかをよく確認してください。

　まず重要なことは、ぱっと見ただけで、「何を伝えようとしているスライドなのか」がわかるということです。このスライドでは、メッセージに相当する「穏やかな中での豊かさの向上」という文言がいちばん目立っています。これが非常に大切で、発表を聞いている側としては、「そのスライドで発表者は何を伝えようとしているか」をいちばんに知りたいのです。スライドを見た瞬間に、メッセージが目に飛び込んでこないと、「あれ、どこを見て、何を読み取ればいいんだろう？」と迷ってしまいます。

　次に重要なことは、短く、わかりやすい言葉を選ぶことです。図の例でも、メッセージは簡潔なものになっていますよね。さすがにここまで短くできる例は少ないかもしれませんが、誤解がないかぎりは短いほうがよいです。そのほうが、メッセージを大きく書いて目立たせることができますし、記憶にも残りやすいからです。

　他にも、「全滅の危機」「危機意識」なども最低限の言葉だけ残して短くしてありますね。スライドで発表するときには、「50年ほど前に村に起こった災禍によって全滅の危機に瀕し、村人の危機意識が高まりました」といったように言葉を補って説明できますから、スライドに記載する言葉はかなり削れます。ただし、とにかく短くすればよいというわけではありません。多少長くなったとしても、意味が把握しやすいようにわかりやすく書く、というのも大切です。

　もう1つ重要なことは、図形が多く活用されているというところです。「災禍」の文字は、ギザギザした記号の上に載せられていますね。平和と発展の像のイラストも多く記載されていて、像の多さを瞬時に認識できますよね。左から右に向かう時間の流れがあることも、矢印によってはっきりわかります。

✏️ 攻田各メモ

　このスライドを口頭で説明する際には、上から順に説明するのがわかりやすく、また楽です。すなわち、「桃太郎の村における理想は、穏やかな中での豊かさの向上です」と言ってから、補足図表の説明に入るのです。「なぜこれが理想かと言うと、実は50年ほど前に〜」のように続ければよいですね。

　図5-18には、スライド構成のよい例とよくない例を並べて載せています。一番上の（1）は、先ほど見てもらったよい例です。メッセージが目立ちますし、図も適切なので、楽に話についていけそうですね。

　それと比べて、（2）は、見出しが大きくなって、メッセージは書かれていません。このパターンはよく見られるのですが、話題はよくわかるものの、その話題について何が言いたいのかはっきりわからないのです[8]。この例では、結局何が理想なのか、誤解されるおそれがあります。

　（3）のスライドはどうでしょうか。これは補足が不適切な例です。「災禍」

---

[8]　口頭による説明が上手なのであれば、このパターンのスライドでもわかりやすい発表は十分可能です。ただし、その分発表の難易度は高くなってしまいますし、何より「このスライドで自分が伝えたいのは結局何なのか」をはっきり認識するためにも、（1）のパターンを強く推奨します。

（1）よい例

メッセージが目立ち、
補足も適切

○ 楽に話についていける

桃太郎の村における理想
穏やかな中での豊かさの向上

（2）惜しい例

メッセージが不明確

△ 何が理想なのかわかりづらい

桃太郎の村における理想

（3）惜しい例

図表がメッセージの
補足として不適切

△ 平和の話なのか？　災禍の話なのか？

桃太郎の村における理想
穏やかな中での豊かさの向上

（4）よくない例

図表を主体にしておらず
メッセージも不明確

✕ 時間内に読み終われない・・・

桃太郎の村における理想について

桃太郎の村にとって、平和な発展は長らく追い求めてきた理想である。穏やかな生活の中で少しずつでも豊かさを増していくことが村人全員の願いであり、この理想に向かって多大な努力が積み重ねられてきた。この願いは非常に強いものであり、数十を超える「平和と発展の像」が村中に溢れ返るほどである。50年ほど前の大きな災禍で全滅の危機に瀕し、いまだに復興の半ばにあることを考えると、当然のことであろう。

図 5-18　スライド構成のよい例とよくない例

という怖いイラストが目立ちすぎているので、「平和の話なのか？それとも災禍の話なのか？」と混乱させてしまいます。矢印も小さいので見落とされてしまいそうですし、気づいてもらったとしても、村人と像が災禍から逃げていっている図だと誤解されてしまうかもしれません。

（4）は、図表を主体にしていないよくない例です。文字ばかりなので、内容を理解するのに時間がかかってしまいますよね。また、これだけ文字が書かれていると思わず読んでしまうので、発表者の話が無視されてしまう、という弊害もあります。長い文章をそのまま見てもらわないと困るような特別な場合を除いて、このような論文調のスライドは避けるべきです。

このように、スライドにおいては、文字の「長さやわかりやすさ」に加えて、文字や図の「大きさ・形・色・配置」が非常に大切です。細かい整え方については次節で解説します。

また、スライドを作る際には、論文原稿を書くときと同様に、まず話題とメッセージだけでひととおりのスライドを粗く作ってから補足情報をつけていく、という手順が有効です。1枚目のスライドページから細かく作りこんでいくと、ページ数が多くなりすぎてしまったり、前半まで作ったところで発表の時間がきてしまったりといった事態に陥りかねません。ここでも、各ページの情報量はなるべく均一にすることを意識しておきましょう。図と文字でびっしり埋められたスライドの次に、ほとんど内容のないスライドがくると、「未完成なのかな？」と思われてしまいます[9]。

5.4　フェイズ3「全体の推敲」の攻略

論文やスライドの原稿がひととおりできたら、全体に推敲をかけていきます。これが全12フェイズを締めくくる最終フェイズです。このフェイズに

---

[9]　これが絶対によくないというわけではありません。情報の量が急に変わると、聞き手はそこに何らかの意図や意味を見出そうとします。そのことを意識したうえでなら、たとえば情報量の差で緩急をつけて、聞き手の気分を切り替えるという演出の仕方もありえます。

到達する頃には論文の提出締切が目前に迫ってきているはずなので、効果的な推敲を効率よくかけるための技術を学んでおきましょう。

5.4.1 なぜ推敲が必要なのか

せっかくここまで努力をして研究を進め、よい企画を練り、膨大な量の原稿を用意してきたのですから、「この研究は面白いね」「うまく書けているね」「発表でよくわかったよ」と言われたいですよね。

そのためには、全体の表現の質を高めていく仕上げ作業が必要です。仕上げが雑で不十分だと、いくら原稿の内容が素晴らしいものであったとしても、なかなか評価してもらえません。仕上げのされていない原稿は、材料が剥き出しの、塗装も壁紙もない家のようなものです。いくらしっかりした構造で組み上げられていたとしても、そんな家を買いたいと思う人は稀でしょう。

表現の質を高めていく仕上げは、推敲とよばれます。「間違った内容と誤字脱字を正すだけでしょ？」と思うかも知れませんが、推敲は単なる訂正作業ではありません。誤りの訂正は必須の作業ではありますが、推敲のあとに実施するものです。推敲とは、ざっくり言えば「そこで本当に伝えたいことがよりよく伝わるように、表現に改善を重ねていく」ことです。本書では、文章に限らず、図表や図形を改善することも含めて推敲とよぶことにします。

5.4.2 推敲は戦略的に

推敲は重要ですが、時間と忍耐力をいくらでも消費させられる恐ろしいものでもあります。推敲を重ねれば重ねるほど、原稿の価値は高まります。しかし、これで十分という判断が難しく、キリがないのです。また、文章に推敲を何度も重ねたのに、その文章をまるごと削除することになり、推敲に費やした時間と苦労が水の泡、ということもよくあります。

そこで重要になるのが、やみくもに推敲を重ねるのではなく、戦略的な見

通しをもって段階的に推敲を実施するということです。具体的には、「ここはまだ大きな書き直しがある可能性が高いから、推敲はここまでに留めておこう」とか「この段階まで推敲が済んでいるから、次はこんな推敲をかけよう」といった考えに基づいて進めましょう、ということです。

戦略的な推敲を行うため、ここでは推敲のバリエーションと手順について見ていきましょう。

5.4.3 推敲の3つのステップ

論文でもスライドでも、推敲は3ステップで段階的に実施するのが効率的です（図5-19）。各ステップは3種類の作業からなり、合計で9つになります。これらは、論文とスライドで実施の仕方は異なりますが、項目としては共通です。

基本的な推敲のステップは、「構造改良」→「整理整頓」→「意味確定」です。まず大きな工事をして、片づけて、最後に気遣いの細かい作業をする、

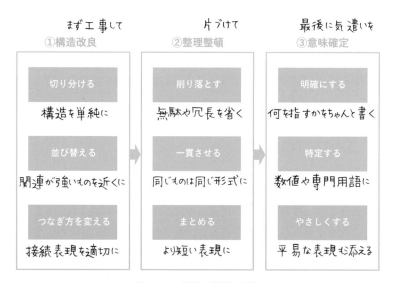

図 5-19　推敲の種類と手順

というイメージで、大規模な修正ほど先に行います。各ステップに含まれる推敲作業について見ていきましょう。

5.4.4 推敲の「構造改良」

　推敲の第1ステップである構造改良では、「切り分ける」「並び替える」「つなぎ方を変える」の3種類の作業を行います（図 5-20）。大きく構造を変える工事によって、文量はそれほど変わりませんが、わかりやすさを根本的に向上させることができます。

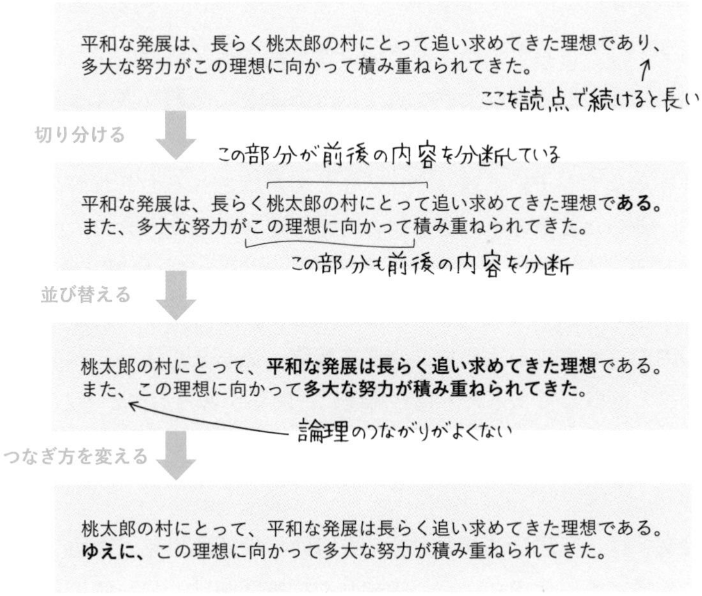

平和な発展は、長らく桃太郎の村にとって追い求めてきた理想であり、多大な努力がこの理想に向かって積み重ねられてきた。

ここを読点で続けると長い

切り分ける

この部分が前後の内容を分断している

平和な発展は、長らく桃太郎の村にとって追い求めてきた理想である。また、多大な努力がこの理想に向かって積み重ねられてきた。

この部分も前後の内容を分断

並び替える

桃太郎の村にとって、**平和な発展は長らく追い求めてきた理想**である。また、この理想に向かって**多大な努力が積み重ねられてきた**。

論理のつながりがよくない

つなぎ方を変える

桃太郎の村にとって、平和な発展は長らく追い求めてきた理想である。**ゆえに、**この理想に向かって多大な努力が積み重ねられてきた。

図 5-20　推敲の「構造改良」の実施例

● 切り分ける：

論文では、長くてややこしい文章はばっさり打ち切って、文法構造をなるべく単純にします。文法が単純なほど、誤解のおそれはなくなり、また表現の自由度も高まります。さらに、主語と述語が対応しない[10]などの文法上の誤りにも気づきやすくなります。読点を句点に置き換える、あるいは、長い修飾語は別の文として独立させる、といった工夫で文を簡潔にしていきましょう。スライド原稿においても同様です。複雑で解釈しにくい図は分割して、なるべく単純な見方で内容が把握できるようにしましょう。そうすることで、1つのページを見せている短い時間でも、内容を把握しやすくできます。

● 並び替える：

論文では、主語と述語、あるいは修飾語と被修飾語のように、関連が強い語どうしがなるべく近くになるように語順を変えます。これらが離れすぎてしまうと、本来は関連しない語どうしが誤って結び付けられてしまい、違った意味として解釈されるおそれが高まります。書いた文章の中の語と語の対応を見きわめたうえで、関連ある語どうしをより近くに置ける表現方法がないかを検討しましょう。スライド原稿でも同様です。因果関係や順序関係が強いほど、ページ内で近くになるように文や図を配置し直しましょう。ページ内で並べて配置してあると、見た瞬間に「関係があるものかもしれない」と認識されてしまいます。

● つなぎ方を変える：

論文では、接続詞や接続助詞[11]を用いた接続表現を、適切なものに置き換えていきましょう。接続詞や接続助詞は、読む側にとって前

---

[10]　主語と述語が対応しない文など書くはずないだろうと思うかも知れませんが、論文のような堅い文体を用いる場合には本当によくやってしまうミスなのです。たとえば、「本研究は、〜と〜について解析する」のように書いてしまう場合があるのですが、研究が解析するわけではないので、「本研究では、〜と〜について解析する」あるいは「本研究は、〜と〜について解析を試みたものである」のようにすべきです。

[11]　接続詞は、「しかし」や「たとえば」といったものですね。接続助詞というのは、「〜であるが」や「〜であって」のように使用する、読点の直前に置くような「が」や「て」といったものです。

後の関係を理解するための重要なヒントですので、適当に選んでは
いけません。接続詞や接続助詞を書くたびに、「ここの前後の関係は
この接続詞（助詞）で本当に伝わるだろうか」「もっと適切な接続詞
はないだろうか」と自分に問いかける癖をつけましょう。

　スライドにおいては、文や枠、図形などを結ぶ矢印や線を適切な
ものに差し替えましょう。矢印は因果関係や順序関係を連想させま
すから、そうでない関係のものどうしをつなぐのは混乱のもとです。
線も、太い実線であれば強い関連を、細い破線であれば弱い関連を
連想させるので、これを踏まえた使い分けが必要です。

5.4.5　推敲の「整理整頓」

　推敲の第2ステップ「整理整頓」では、「削り落とす」「一貫させる」「ま
とめる」の3つの作業を行います（図5-21）。この片づけのような作業によっ
て、文章や図表は劇的に簡潔になります。

● 削り落とす：
　論文では、話の展開上なくても支障のない余談や、消しても文の意
味が曖昧にならない冗長な語句は削除しましょう。とくに、「〜であ
るように思われる」のように回りくどい語尾はばっさり切り落とし
て、「〜だ」に置き換えられれば随分簡潔になります。同じ意味が伝
わるのであれば、文は短いほうがよいです。記憶に残りやすく、ま
た他の文を加える余裕ができるからです。スライドの場合でも同様
です。不要な文字や図形、線は省きましょう。たとえば、何かの区
別を表現するための仕切り線は、適切な間隔の余白で置き換えたほ
うがすっきり見せることができます。また、グラフ中に説明しない
プロットがあるようなら、理解の妨げになるので、結果や考察の信
ぴょう性が大きく損なわれない限りは消しておきましょう。

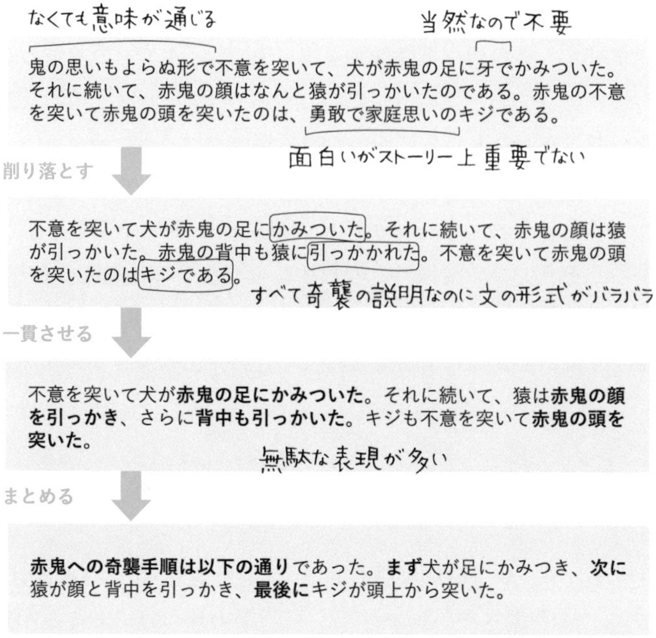

なくても意味が通じる　　　　　当然なので不要

鬼の思いもよらぬ形で不意を突いて、犬が赤鬼の足に牙でかみついた。それに続いて、赤鬼の顔はなんと猿が引っかいたのである。赤鬼の不意を突いて赤鬼の頭を突いたのは、勇敢で家庭思いのキジである。

面白いがストーリー上重要でない

削り落とす

不意を突いて犬が赤鬼の足にかみついた。それに続いて、赤鬼の顔は猿が引っかいた。赤鬼の背中も猿に引っかかれた。不意を突いて赤鬼の頭を突いたのはキジである。

すべて奇襲の説明なのに文の形式がバラバラ

一貫させる

不意を突いて犬が赤鬼の足にかみついた。それに続いて、猿は赤鬼の顔を引っかき、さらに背中も引っかいた。キジも不意を突いて赤鬼の頭を突いた。

無駄な表現が多い

まとめる

赤鬼への奇襲手順は以下の通りであった。まず犬が足にかみつき、次に猿が顔と背中を引っかき、最後にキジが頭上から突いた。

図 5-21　推敲の「整理整頓」の実施例

● 一貫させる：

　論文では、並列や対比関係など対になる語句は、表現や語順、あるいは文法構造や語尾を揃えて同じ形式にしましょう。同じ形式で書くことで、それらが対であることがより明確に伝わります。スライドにおいては、対になる語句について、文字の大きさや色、あるいはそれを囲う枠の形を揃えましょう。スライドのページ内において、文字の大きさの違いは重要度の違いとして、また枠の色や形の違いは情報の種別の違いとして認識されるからです。同程度に重要で、同じジャンルでまとめられるような内容の場合は、同じ表現にすることを心がけましょう。

● まとめる：

　論文では、共通語句での括り出しや熟語の活用によって、より短い表現に置き換えましょう。たとえば、「A を実施し、次に B を実施し」

のように同じ語句が繰り返される場合は、「AのあとにBを実施し」
のように繰り返し部分を1つにまとめるほうがすっきりします。また、
「最も適した」のように複数の語句が組み合わさった場合は、「最適な」
のように熟語にできないかを検討してみましょう[12]。

　スライドの場合には、長い文章は共通の見出しをもつ箇条書きと
して簡潔にまとめていきましょう。たとえば、「この実験では、まず
Aを実施し、次にBを解析し、最後にCを評価する」という文章は、
「実験手順」という見出しをもつ、「1. Aの実施」「2. Bの解析」「3. C
の評価」という項目の箇条書きにできますね。上手に作成された箇
条書きは、内容を素早く把握するのに役立ちますから、積極的に検
討しましょう。ただし、因数分解のように共通の見出しを括りだす、
というところが重要です。見出しのない箇条書きは、逆にわかりづ
らくなるおそれもあります。

◤ **5.4.6** 推敲の「意味確定」

　推敲の第3ステップ「意味確定」では「明確にする」「限定する」「やさし
くする」の3つの作業を行います（図5-22）。これらは、論文でもスライド
でも行うことは同じです。この気遣いの作業によって、文量は増えますが、
明快さを高めることができます。

● 明確にする：
　指し示す対象が曖昧な語句をそのままにせず、はっきりと対象を記
　載しましょう。指示代名詞にはとくに要注意です。「それ」や「この
　こと」では、勘違いが生じるおそれがありますから、「その〜」や「こ
　の事実」のように書き直すようにしましょう。

---

[12]　ただし、熟語にすると特別なニュアンスが含まれて意味がおかしくなる場合もあるので注意が
　必要です。たとえば、「広くて大きな板」を「広大な板」にすると大げさですよね。

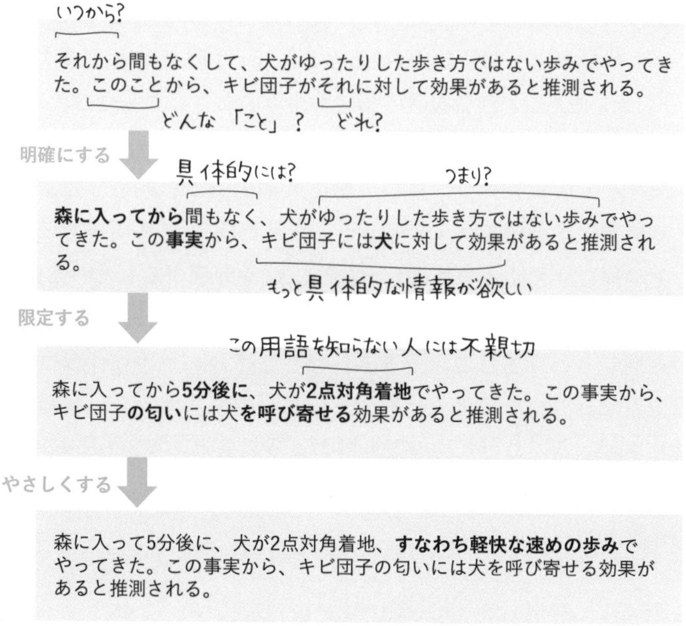

いつから？

それから間もなくして、犬がゆったりした歩き方ではない歩みでやってきた。このことから、キビ団子がそれに対して効果があると推測される。

どんな「こと」？　どれ？

明確にする ⬇

具体的には？　つまり？

森に入ってから間もなく、犬がゆったりした歩き方ではない歩みでやってきた。この**事実**から、キビ団子には**犬**に対して効果があると推測される。

もっと具体的な情報が欲しい

限定する ⬇

この用語を知らない人には不親切

森に入ってから**5分後**に、犬が**2点対角着地**でやってきた。この事実から、キビ団子**の匂い**には犬**を呼び寄せる**効果があると推測される。

やさしくする ⬇

森に入って5分後に、犬が2点対角着地、**すなわち軽快な速めの歩みで**やってきた。この事実から、キビ団子の匂いには犬を呼び寄せる効果があると推測される。

図 5-22　推敲の「意味確定」の実施例

● 限定する：

幅広い意味を含む語句は、数値や専門用語などの、より客観的で意味が特定される語句に差し替えるか、あるいは修飾語を添えて意味を限定しましょう。たとえば、「重たい」や「適切な」といった形容詞は、読む人によってどれほどのものを指すかの解釈が違ってしまいますよね。ですから、「～kgの」や「～の基準を満たす」といった表現に置き直すべきです。

● やさしくする：

専門用語などの難解な語句には、平易な言葉での解説も加えるようにしましょう。専門用語は意味が限定されるので、推敲のうえでも大変便利ではあるのですが、その専門から外れた読者や聴衆にとっては理解の妨げになってしまいます。専門用語を記載したあとに「すなわち」で言い換えるか、あるいは専門用語の前に「～として知ら

れる」のような解説をつけるようにしましょう。そうすれば、専門家と非専門家のどちらにも理解してもらえます。スライドの場合には、専門用語だけ記載しておいて、平易な解説は口頭で補足するというのもよいでしょう。

5.5　第4ステージのまとめ

このステージでは、次の誰かの研究に役立てるようわかりやすく教訓を伝えるために、企画と脚本、原稿の作成、全体の推敲、という3つのフェイズで進めてきました（図5-23）。

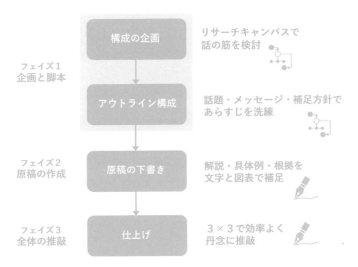

図 5-23　第4ステージ「作戦の引継」のまとめ

まずフェイズ1では、穴のないストーリーを企画したうえで、あらすじと補足方針を定めてアウトラインを作成しました。その補助ツールとして「リサーチキャンバス」を紹介したうえで、「話題・メッセージ・補足」のメッセージブロックを箇条書きにしていく方法を解説しました。

　続いてフェイズ2では、アウトラインという骨格に、補足として解説、具体例、根拠を肉付けしていきました。論文のパラグラフでも、スライドのページでも、話題とメッセージを上部に明示して、その下に補足を添えるとわかりやすい原稿が作成できるということを見ました。

　最後にフェイズ3では、論文原稿とスライド原稿の完成度をさらに高めるための仕上げを行いました。推敲は3ステップ×3種で段階的に行い、着実に完成度を高めていくというものでした。全体の推敲がひととおり終われば、提出に値する論文や、発表に値するスライドになっているはずです。もし指導担当の先生に推敲をしてもらえる機会を得たなら、どこの部分がなぜ、どのような意図で修正されたのかをしっかり確認しておきましょう。意図を理解するたびに、皆さん自身の推敲の力も高まっていくはずです。

　提出した卒論・修論が受理されれば、最後のステージの攻略が終わり、1つの研究のサイクルをようやく回せたことになります。これで、世界の現状は変わります。皆さんが得た知見や考察、あるいは教訓が「なかった」世界から、「ある」世界へと変貌を遂げるのです。皆さんの残した冒険譚を先行研究の1つとして取りあげることで、次の研究のサイクルでは、より理想に近い現状をスタート地点とする新たな世界観の中で冒険できるようになるわけです。皆さんの研究を引き継いで冒険をするのは、皆さん自身かもしれませんし、別の国の、さらにはまだ生まれてもいない見知らぬ人かもしれません。大げさに感じるかもしれませんが、研究というものは、これまでそのようにして引き継がれ、発展してきました。世界各国の研究者ひとりひとりが苦心して回した無数の研究のサイクルが、論文という媒体を通じて長い歴史の中で歯車のように噛み合って、世界を大きく動かしてきたのです。卒論・修論研究という体験を通じて、研究の世界の壮大さを少しでも感じてもらえれば幸いです。

あとがき

　本書では、卒論・修論研究において研究テーマを定めるところから、論文やスライドの原稿を仕上げるところまで、どのような手順で何をどう考えていけばよいかを解説しました。

　ただし、残念ながら、本書で紹介した攻略法は万能ではありません。つまり、皆さんの行う研究や、卒業・修了後に就く仕事の内容によっては、攻略法がそのまま通用する保証はないということです。これは、至極当然です。紹介した攻略法は、研究者としての著者の限られた経験に、多分に依拠したものだからです。

　もちろん、そうではあっても、少しでも皆さんの助けとなれることを期待して、できるかぎりの一般化に努めています。それでもやはり、この広大な世界のさまざまな場所でめいめいの人生を送るすべての皆さんに対して、どこでも通用する完成された唯一の攻略法を提供しようというのはおこがましくもあり、またそもそも望むべくもないのです。

　ですから、この本を読まれた皆さんにいくつかのお願いがあります。まず、本書の内容を「基本の攻略法」だと捉えてもらった上で、皆さん自身の研究や今後の仕事、あるいは日常生活の中で独自のアレンジを加えていってください。つまり、皆さん自身で使い勝手のよいものに工夫を凝らしていってもらいたいのです。そのようにして得られた「改良型の攻略法」こそが、皆さん自身の世界を見通す「眼」と、困難を乗り越える「術」となるからです。

　そして、もしもよりよいと思える改良型の攻略法を体得できたとき、それを皆さんと近いところで活躍しようとする後輩たちへと伝えてあげてほしいのです。そうすれば、皆さんの編み出した攻略法は脈々と受け継がれ、さらに発展し、いずれは多くの人に大きな恩恵がもたらされるはずです。

　著者が本書で紹介した「基本の攻略法」も、実際は、多くの方々の攻略法を著者が受け継ぎ、自分なりの解釈を加えながらまとめた「改良型の攻略法」の１つにすぎません。著者自身が学部生であったころから13年間を過ごした大阪大学大学院工学研究科（旧）知能・機能創成工学専攻の研究室では、

複数の研究分野の融合による規模の大きな研究プロジェクトが進められていたこともあり、主宰であった浅田稔教授（当時）をはじめとする多くの熱心な研究者が籍を置いていました。そして、既存の世界観に捉われることなく描き出した独自の世界観の中で挑戦的な課題を設定し、どうにか成果を得ようとする試行錯誤の努力が重ねられていました。著者は、はじめ学生としてその場に参加する機会を得、直接の指導を受けるだけでなく、彼らの所作を間近で見ることにもよって、大局的な視点のもち方から推敲の技術まで、本当に多くのことを学ぶことができたのです。

　本書の執筆は、そうやって学生の立場で著者自身が得てきた「改良型の攻略法」を、今度は教員の立場から、多くの後進へとしっかり伝え残したいという気持ちによるものです。まえがきの繰り返しとなってしまいますが、この本をうまく活用していただくことを通じて、より多くの学生の皆さんが本来の才能を発揮させる実力を身につけ、生涯にわたってさまざまな場面で活躍されることを強く願っています。

　本書は、私自身の理解の整理と、後進への一助となることを期待して細々と執筆を行っていた「駆け出し研究者のための研究技術入門」というブログの内容を一部含んでいます。本書の企画は、当時森北出版におられた丸山隆一さんにブログを見つけていただき、書籍化のお誘いをいただいたことで始まりました。また、宮地亮介さん（森北出版）には、原稿の編集に際してきめ細やかな改善提案をいただきました。書籍出版の経験のなかった私に貴重な機会と丁寧な助言をくださったことに、ここに感謝いたします。

さくいん

著 者 紹 介

石原　尚（いしはら・ひさし）

博士（工学）（大阪大学）. 1983 年生. 2009 年から 2012 年まで日本学術振興会特別研究員（DC1）. 2012 年大阪大学大学院工学研究科博士後期課程単位取得満期退学. 2013 年より理研 BSI 客員研究員. 2014 年に博士（工学）を取得後, 2019 年 1 月まで大阪大学大学院工学研究科テニュアトラック助教. 現講師. 2015 年より ATR 連携研究員. 2016 年より 2020 年まで JST さきがけ研究者. 子どもアンドロイドロボット Affetto の開発を手掛ける.

編集担当	宮地亮介（森北出版）
編集責任	藤原祐介（森北出版）
組　版	ビーエイト
印　刷	丸井工文社
製　本	同

卒論・修論研究の攻略本　　　　　　　　　　　　　　　　　　　　　　　　Ⓒ 石原尚　2021
　—有意義な研究室生活を送るための実践ガイド—

2021 年 10 月 29 日　第 1 版第 1 刷発行　　　　【本書の無断転載を禁ず】
2024 年 3 月 10 日　第 1 版第 4 刷発行

著　　　者　石原尚
発 行 者　森北博巳
発 行 所　森北出版株式会社
　　　　　東京都千代田区富士見 1-4-11（〒 102-0071）
　　　　　電話 03-3265-8341／FAX 03-3264-8709
　　　　　https://www.morikita.co.jp/
　　　　　日本書籍出版協会・自然科学書協会　会員
　　　　　JCOPY ＜（一社）出版者著作権管理機構 委託出版物＞

落丁・乱丁本はお取替えいたします.

Printed in Japan／ISBN978-4-627-94361-2